人间值得，
遇见更好的
自己

邓丽文◎著

中华工商联合出版社

图书在版编目（CIP）数据

人间值得，遇见更好的自己 / 邓丽文著. —北京：
中华工商联合出版社，2023.9
ISBN 978-7-5158-3765-9

Ⅰ.①人… Ⅱ.①邓… Ⅲ.①成功心理—通俗读物
Ⅳ.① B848.4-49

中国国家版本馆 CIP 数据核字（2023）第 180490 号

人间值得，遇见更好的自己

作　　者：	邓丽文
出 品 人：	刘　刚
图书策划：	华韵大成·陈龙海
责任编辑：	胡小英
装帧设计：	王玉美　王　俊
责任审读：	付德华
责任印制：	陈德松
出版发行：	中华工商联合出版社有限责任公司
印　　刷：	北京毅峰迅捷印刷有限公司
版　　次：	2024 年 1 月第 1 版
印　　次：	2024 年 3 月第 2 次印刷
开　　本：	710mm×1020mm　1/16
字　　数：	180 千字
印　　张：	13.75
书　　号：	ISBN 978-7-5158-3765-9
定　　价：	58.00 元

服务热线：010 — 58301130 — 0（前台）
销售热线：010 — 58302977（网店部）
　　　　　010 — 58302166（门店部）
　　　　　010 — 58302837（馆配部、新媒体部）
　　　　　010 — 58302813（团购部）
地址邮编：北京市西城区西环广场 A 座
　　　　　19 — 20 层，100044
http://www.chgslcbs.cn
投稿热线：010 — 58302907（总编部）
投稿邮箱：1621239583@qq.com

工商联版图书
版权所有　侵权必究

凡本社图书出现印装质量
问题，请与印务部联系
联系电话：010 — 58302915

前 言

幸福是人们愿意用尽一辈子的时光去追求的事情。

人人都想得到幸福,但每个人对幸福的感知有所不同。正如莎士比亚所说:一千个观众眼中就有一千个哈姆雷特。

对于身无分文的人来说,富有就是幸福;对于忙碌的人来说,能够慢下来享受与家人在一起的美好时光就是幸福;对于一个婚姻破碎的人来说,拥有幸福的家庭就是一种幸福;对于创业失败的人来说,事业有成就是一种幸福;对于身有残疾的人来说,能够像正常人一样生活就是一种莫大的幸福……

因为我的特殊人生,我对幸福有更加深刻的感悟。我在一岁半的时候,就被上天开了一个天大的玩笑,让我从此身体残疾。从小,自己就因为与别人不一样而遭受嘲讽。也正是从那个时候起,我的内心时常感觉孤寂和无助,身心备受煎熬。

为了减轻家庭负担,我高中辍学便开始找工作,我想证明自己是一个有用的人,不想成为家人的累赘,我要通过自己的实际行动证明自己是有用的人。但在找工作的路上,我却连吃闭门羹。就因为我身体残疾的原因,我连工作的机会都特别少。

但我知道,所有经历的这些正是上天对我的考验。所谓"一念天堂,一念地狱",如果我内心不够坚强,那么在遭受命运的各种碾压后,早已落入了地狱的黑暗当中。能够在痛苦中选择坚强,能够从沉沦中自我崛起,让我感到无比幸运。否则我就永远看不到自己人生中的光亮和辉煌。

我经历了感情变故后，拥有了甜蜜幸福的婚姻；经历了身体瘫痪后，获得了重生；经历过创业路上的坎坷和磨难后，迎来了人生的高光时刻。一个人，如果没有让自己痛不欲生、大起大落的人生经历，如果永远活在一帆风顺、事事顺遂的世界里，是永远也不会明白用行动冲破黑暗之后的喜悦的，也无法真正体会到什么是幸福，无法真正了解幸福的真谛。

如今，我虽然不敢自诩为成功人士，但我事业有成、家庭美满，这些足以让我收获满满的幸福感。

随着阅历的不断丰富，我们才会更加明白：幸福从来不会唾手可得，只有努力争取，才能一点点与幸福靠得更近。整个努力争取的过程就是将原本看不到、摸不到的幸福进行具体化、实景化，这样我们不仅可以感受到幸福，还可以看到幸福的样子，甚至尝到它的滋味。

生活，从来不会因为我们是弱者而同情我们，不会因为我们是女性就怜香惜玉；事业中也从来都是"适者生存""奋进者得天下"，这是铁律；婚姻中也需要相互扶持、共同进步，才能让感情走得更加长远。所以，无论生活、事业还是婚姻，要想幸福，都需要靠自己的双手努力挣得。

人们常说："梧桐花开，凤凰自来"。我把自己比作一棵梧桐树，在历经诸多痛苦和磨难之后，我凭借自身的努力赢得了如今一切的美好和幸福，成就了更好的自己。

通过书写我自己成长路上的心路历程，我想向世人证明：一个人，即便身患残疾，人生也能有千百种可能；即便心灵受到创伤，也能通过自愈，让内心洒满阳光；即便事业坎坷，只要能直面磨难，勇敢奋起，就能铸就成功的辉煌。

打开本书，它会告诉你：其实每个人的人生都掌握在自己手中，未来的人生之梦该如何抒写完全由我们自己决定。不管自己身处何种困境，只要自己有足够的自信和勇气，再加上自己的智慧和坚持，去改变和创造，我相信，我们能够创造出更加美好的人生。

目录 CONTENTS

第一章　在严教和自卑中成长的女孩　　001

相信很多人原本拥有美好幸福的生活，却因为一场突如其来的意外，使得整个人生就此发生了巨大转变，一切都变得不再美好。我出生后不久，就因为上天跟我开了一个巨大的玩笑，使我承受了小小年纪本不应该经历的伤痛和苦楚，让我成为一个在严教和自卑中成长的女孩。

灰天鹅变成了黑天鹅 / 003
只想过和平常人一样的生活 / 006
遭受异样的眼光 / 009
被重视是一种奢望 / 013

第二章　家庭变故下负重成长　　017

生活总是不会轻易让我们长大，变得成熟，往往也不会让我们走得一路畅通无阻，而是让我们历经一定的磨难之后才破茧成蝶，在经历痛苦挣扎之后才让我们脱胎换骨，涅槃重生。我就是一个在经历家庭变故和重重苦难之后成长起来的女孩。虽负重前行，但仍向上而生。

快乐而短暂的单亲生活 / 019
觉得自己父爱被"抢" / 021

来自家庭的冷暴力 / 024
成为被甩掉的"包袱" / 028

第三章　少年当自强　　033

如果把人的一生比作一年四季，那么少年则是春暖花开的最好时光。少年时光总是美好的，却也稍纵即逝。无论我们正在经历什么，处于什么样的境遇，都应当学会自强。

感谢那束突破阴云的光 / 035
身残，也许是最好的起点 / 038
积极争取与果断舍弃 / 044
对工作的强烈渴望 / 048

第四章　把工作当作信仰　　051

人的一生，总需要寻求一定的信仰，才能让平淡无奇甚至充满坎坷的人生充满激情。当一个人有了信仰，即使身处迷茫，也能追寻着信仰冲破迷雾，更加坚强地直奔人生意义的彼岸。把工作当作信仰，使我的生活变得更加充实，也使我更好地感知到生命的意义。

在橡胶厂的日子 / 053
吃了不善表达的亏 / 056
一段美好的工作回忆 / 061
因长得漂亮而被开除 / 065

努力争来的稳定工作 / 069

第五章　亲历中感悟最好的爱情
073

爱情是一种很奇妙的东西，它可能会在你毫无察觉的时候悄然离你而去，也可能会在你毫无准备的时候突然降临。美好的爱情人人向往，但失去或得到总会在不经意间发生。人生，不经历些什么就难以成长，在爱情的路上同样如此。经历过爱情的人，才更懂得爱的真谛，才会让自己更好地感悟最好的爱情。

阴差阳错收获的爱情 / 075
从爱人到朋友 / 078
邂逅温暖与贴心的爱情 / 081
与爱人共同成长的日子 / 085
爱情理想的破灭 / 089

第六章　觉醒从重塑自我开始
093

人的一生中，不可能尽是平坦如意。正所谓："人生不如意之事十有八九"。只有经历了失败、挫折、磨难之后才会觉醒，才会重新获得生的希望。我在经历了情感挫折之后便将全部精力放在事业上，重塑自我，成就更好的自己。

与美业的第一次接触 / 095
立志要活得漂亮 / 099
心由脆弱走向坚强 / 103

第七章　创业酸甜苦辣初体验　109

几乎每个创业者都要一一经历创业的酸甜苦辣。即便如此，唯有不断坚持和不懈努力，才能收获好的创业结果。这个世界不会辜负每一个努力的人。你足够努力才会足够幸运。

生平第一次创业 / 111
开鞋店苦并快乐着 / 115
开启上海掘金之路 / 118
来自合伙人的排挤 / 121
与弟媳合伙创业 / 125
起伏跌宕的内衣生意路 / 130
野火烧不尽，春风吹又生 / 136

第八章　厄运再次降临　143

我们从来都不知道明天将会发生什么，更不知道未来将会是什么样子。可以说，我们的人生充满了变数。在我事业屡屡向好的时候，厄运再次降临，阻碍了我追逐梦想的步伐，但我并没有因此而束手就擒。

不是不痛，只是不说 / 145
一张灰色诊断书 / 149
来自朋友的好消息 / 153
康复的喜悦只有自己懂 / 156

第九章　品牌创建的那些事

161

一个企业，要想在市场中真正立稳脚跟，真正拥有话语权，就必须创建自己的品牌。尤其在当前这个商业时代，品牌的力量更加不容忽视。好的品牌代表着品质，具有可识别性，就像是夜空中璀璨的星光，让人一眼就能看到。认识到这一点之后，我在创建品牌的过程中，也经历了许多不同寻常的事。

树立品牌意识 / 163
幸得贵人相助 / 167
创建自己的品牌 / 172
吸引力法则让企业不断壮大 / 175
来自合伙人的背离 / 179
事业迎来高光时刻 / 183
探索与创新，将品牌做大做强 / 188

第十章　来自心灵的告诫

193

人的一生，沉沉浮浮，其意义就在于让人体味人生百态，领悟生命的真谛。我觉得人生就是一场修行。在这场修行中，外修的是生存技能，内修的是一颗领悟与净化的心。很幸运，我的人生在这场修行中得到了升华，也让我明白了很多人生真谛。我希望来自我的一些心灵告诫可以给你带来一些人生启迪。

内心强大，才能傲视一切 / 195
认定的事情就要做到最好 / 200
包容父母才是真正的孝顺 / 203

第一章

在严教和自卑中成长的女孩

相信很多人原本拥有美好幸福的生活，却因为一场突如其来的意外，使得整个人生就此发生了巨大转变，一切都变得不再美好。我出生后不久，就因为上天跟我开了一个巨大的玩笑，使我承受了小小年纪本不应该经历的伤痛和苦楚，让我成为一个在严教和自卑中成长起来的女孩。

灰天鹅变成了黑天鹅

> 世事无常，世事难料，我们永远无法预知明天和意外究竟哪一个会先来临。现实的好与坏，我们只能自己感受。

你的人生路是否一马平川？你是否也遭遇了人生中让自己感到痛不欲生的不幸？

这个世界上，从来就没有一马平川，而且挫折和困苦也从来没有停歇过造访人间。但这些对于强者来说，只不过是他们成功路上的垫脚石；对于弱者来说，则是一个个绊脚石。人生的路都是靠自己一步步走出来的。所有的苦都要自己亲自品尝，所有的痛都要亲身经历，才会使一个人渐渐变得坚强。所以，我们要把所有的坎坷和不幸走成一马平川，才能闯出自己的光明坦途。

只不过，上天对我的考验早了些。小小的我便承受了正常人童年没有承受的经历。

美好和平静的生活总是那么短暂。在我一岁半的时候，我突然发高烧，一度烧到了41度。也正是这场高烧改变了我的人生轨迹，更影响了我的一生。

那天，因为夜里些许着凉，我便开始发烧。睡到半夜的时候，我便开始哭闹了起来。保姆看我小脸通红，意识到我是发烧了。保姆立刻找来体温计，发现我的体温达到了 39.8 度。

于是，保姆赶紧抱着我找到家附近的诊所给我诊治。一看到这个温度，医生随即找来一盆温水，想要通过温水洗澡的方法帮助我散发体内的热量。但洗了一次后，我的体温又回到了 40 度。医生一看情况不妙，建议保姆赶紧带着我去儿童医院，高烧不退如果处理不好的话，就会耽误孩子，留下许多后遗症。

大半夜，保姆抱着我奔向最近的一家儿童医院。到了医院后，我的体温还在持续上升，达到了 41 度，医生立刻给我打退烧针。此时，保姆才顾得上电话通知我的父母，告知他们我的情况。等母亲赶到医院，我的烧已经退到了 37 度。第二天我的烧退了，所有人松了口气。医生再次为我检查后，认为没什么大碍了，建议回家观察。

退烧后，本以为一切回归正常。没想到的是，厄运随即降临。保姆发现我自从上次发烧以后就不愿意走路了，也不愿意站起来了。保姆觉得我这样很不正常，急忙又带我去了之前那家儿童医院。

经过诊断，医生说可能是因为我上次发烧的时候，护士将退烧针打到了坐骨神经上，但也有可能是我得了小儿麻痹症。保姆得知情况后，立刻向我的父母说明了情况的严重性。这次，父母都放下手中的工作赶到了医院。在与医院一番交涉之后，医院表示后期需要观察是什么情况，还承诺会治好我的病，不需要父母承担相关费用。以治好我的病为目的，再加上后续治疗需要很多花销，父母并没有对医院的医疗事故进行追究，于是同意在这家医院继续治疗。

从那以后，父母隔三差五就背着我去医院治疗，甚至还到处寻医问诊，很是辛苦。但时间久了，我的病情也就因此而耽误了最佳的治疗时间。我也因为那场高烧后的医疗事故落下了腿脚残疾的毛病。

人生不如意之事十之八九。生活并没有像我们想象的那样美好，也总是有太多未知的危险潜藏在我们周围，让现实变得残酷无比，并且远超过我们的想象。人生就是这样，意外的事情不知道什么时候就会发生。我们也总是害怕出现各种各样的意外，因为这些意外会带给我们很多不愿意面对和难以接受的现实。

【思考与感悟】

1. 你小时候有没有遇到一些残酷的意外？

2. 这些残酷的意外对你日后的人生产生了哪些巨大的影响？

| 只想过和平常人一样的生活 |

> 平常人、平凡的日子，其实是最值得让人期待和羡慕的日子。平淡的日子、平常的生活最是幸福。

"每天过这样的生活，真的太过平淡无奇，太过无趣。"你是否有过这样的抱怨？

对于很多人来说，生活的确是平淡无趣的。对于很多人而言，平淡的生活消磨了他们的斗志，让他们失去了追逐人生梦想的动力。我想说的是，如果把生活比作一潭清水，不在于它是否平静还是波涛汹涌。只要你仔细品味就会发现，生活中的乐趣无处不在。

但对于我来说，能够过上正常人平平常常的生活却是一件渴盼而不可得的事情，因为这一切还得需要以我是一个健全人为前提。

生活虽然这样了，但还是要过下去，于是父母迎来了人生中的第二个孩子——我的妹妹。虽然第二个孩子依然是女孩，但有了我的前车之鉴，父母对妹妹百般呵护，生怕妹妹在成长过程中再出一丁点闪失。

母亲在生产后忙着照顾妹妹，我则被分配给了父亲看护。由于父母都是职工，而母亲正值哺乳期，不得不暂停工作。家里的所有重担都落在了父亲肩上。

为了不耽误工作，在我两岁半的时候，父亲就将我送到了他们汽车运输公司开设的全托制幼儿园，小小的我需要在幼儿园里待上一个星期，每周五，父亲才来把我接回去。

每个星期一的大清早，父亲在上班之前将我急匆匆带到幼儿园，星期五下班后再顺便将我抱回家。好在我的适应能力比较强，每次父亲离开后，面对幼儿园这个陌生的地方我都不哭不闹，不给老师添麻烦。窗外的小朋友蹦蹦跳跳，连大小便都没办法自己解决的我只能在窗口默默地看着。为了少上厕所，我每天只吃一点点东西，就这么饿着。我知道我的每一次行动都会麻烦别人，但我不想这么做，我不可以麻烦别人。

四岁那年，父亲看我渐渐长大，觉得如果我每天还是让人抱来抱去，恐怕这辈子也无法自己站起来走路了。于是，父亲每天坚持陪我扶着栏杆练习走路，虽然很心疼，但也强忍着。对于我而言，每天幼儿园的小朋友在我眼前活蹦乱跳地玩耍，而自己却做不到，只能眼巴巴地看着，这让我既羡慕又自卑。

我这样的情况，每向前挪动一小步都会有撕心裂肺的痛，眼泪会不由自主地流下来。然而在父亲的陪伴和鼓励下，我也十分坚强和努力地坚持练习，我希望自己能够尽快像其他小朋友一样成为一个可以正常行走、正常玩耍的人。那个时候，我小小的心灵里唯一的愿望就是能过上和平常人一样的生活。这种希望越强烈，我练习走路的时候就会越努力。

或许上天还是对我比较垂怜，我终于学会了走路。当我不再需要扶着栏杆晃晃悠悠走路的那一刻，我十分惊讶，甚至连自己都感觉不可思议。整个人开心极了，我很久以来都没有这么开心过。我也正是在这个阶段慢慢养成了独立的人格，养成了独立做事的习惯。

平凡的生活似乎十分相像。或许有人会觉得平凡的生活人人都可以实现，十分无趣。但在我看来，能够过上和平常人一样的生活，是一种难求的幸福。所以我努力练习走路，只为能够像平常人一样地生活。

我的亲身经历证明，这个世上没有白费的努力，也没有无缘无故的梦想成真。只要肯努力，肯吃苦，跨出去的每一步都是拥有美好未来的基石。虽然我不能完全像正常人一样走姿优美，但我通过自己的努力能够自己站起来靠双脚走路，这已经是我经过一次次努力换来的最大的成功。

　　人生就是这样，你不努力一把，永远也不知道自己能力的极限在哪里，永远也不知道别人认为不可能的事情自己却能创造出奇迹。要相信，只要自己足够努力，就有可能过上想要的生活。

【思考与感悟】

1. 过平常人一样的生活，是否让你觉得无趣至极？

2. 你是否为你所期待的东西而努力过？

3. 你在成功实现梦想后，有什么感想？

遭受异样的眼光

> 异样的眼光最能让人伤心和窒息，甚至是最"诛心"的。你越在意，输得就越惨。

你有没有遭受过他人异样的眼光？我们往往会因为自己的与众不同而被他人不理解、不接受，进而遭受他人异样的眼光。这种眼光往往带有怀疑、嫉妒、鄙视、质疑、嘲讽等。无论哪种异样的眼光，都是我们不想看到的，因为这会让我们感觉十分不自在、不舒服，甚至想要找个地方把自己藏起来。

尤其是像我这样身体残疾的人，遭受这样的眼光已经是家常便饭。身体的残缺让我经受比常人更多的痛苦，遭受别人异样的眼光让我不仅需要饱受身体的痛苦，还要遭受心灵的摧残。这种滋味着实不好受。我希望自己能够被正常对待，但我发现这只是我的一厢情愿，实际上却是一件很难做到的事情。

等我到了上小学的年纪时，走进小学校园。我走路一瘸一拐，就是一个与众不同的怪物，我总会遭受小同学们异样的目光、无尽的指指点点。

在上小学的第一天，父亲亲自送我到学校。分配好班级之后，同学们都走进教室，找好了自己的座位。由于大家是第一次见面，老师让同学们一一上讲台做自我介绍。我的内心是十分紧张和激动的，并且已经在心里准备好了自我介绍的台词，毕竟和大家第一次见面，以后还要在一个班里共同学习和生活好几年，一定要在大家心里留下个好印象。但没想到的是事与愿违。

当老师点到我的名字后，我站起来的那一刻，同学们都热烈地鼓起掌来，甚至有几个同学说："这位同学长得真好看。"此时我的内心开心极了。但当我开始走向讲台的那一刻，一瘸一拐的走姿顿时迎来了同学们的哗然大笑。我回头一看，大家都指着我大笑，甚至还嘲笑我"快看快看，她走路一扭一扭地像个怪物""她走路的样子好丑啊"……我顿时脸蛋通红，从来没人这么嘲笑过我，这是生平第一次。我内心十分沮丧，身体不由自主地后退到了座位上。

老师看到此情此景，大声喝止了大家，亲切地来到我的座位处邀请我，并亲自陪我上台做自我介绍。于是我硬着头皮走上去，低着头语无伦次地做自我介绍，之前想好的台词全都忘记了。自我介绍完毕之后，老师带头鼓起掌来，并说："欢迎邓丽文同学，以后大家要相互关心，相互帮助，要做一个团结友爱的班集体。"老师话还没说完，我就低着头，用自己可以做到的最快速度走下讲台，坐回了座位。

虽然自我介绍的时候，同学们的指指点点和恶语相向被老师制止了。但第一节课下课后，同学们按捺不住的嘲笑声又一次在我耳边萦绕。起初我只是默默地忍受着，后来我实在忍无可忍，便与那些嘲笑我的人大吵了起来，甚至后来还试图以武力制止。

开学的第一天是最让我感到煎熬的一天，也是最让我感到自卑的一天。好不容易熬到了放学。第二天，父亲要送我上学，我态度十分强硬，坚决不去，为此还惹父亲生气。最开始父亲哄着我去上学，我坚持不去，后来父亲挥起笤帚吓唬我去上学，我便嚎啕大哭起来。在父亲的追问下，我说出了自己的心里话："不想去学校，不想被同学们嘲笑和指指点点。"

父亲沉默了一会儿，给我讲了一个橙子的故事。

> 一天，一个小女孩和父亲一起吃橙子。这时候，父亲拿起一个带有伤疤的橙子给女儿吃，然而女儿认为这个橙子长得不漂亮，肯定不好吃。于是，父亲拿来一把小刀，将这个橙子切开，让小女孩吃。小女孩却觉得这个橙子比之前吃的都要甜，便问父亲："爸爸，怎么这个橙子长得这么丑，却这么好吃呢？"
>
> 父亲回答说："因为它知道自己难看，所以长的时候就很认真，不然就会被其他橙子瞧不起。"

父亲讲这个故事的目的就是通过一个最浅显的生活例子来告诉我，虽然我的腿脚有缺陷，跟别的小孩子不一样，但只要自己努力，是可以通过自己的天赋和努力赶超其他孩子的。

同时我也认识到，自己腿脚有缺陷是不可能改变的，但可以通过不断学习更多知识和技能来弥补这一缺陷。在父亲的鼓励和教导下，我终于有勇气上学了。

第二天来到学校，情况果然和第一天一样。同学们看我的眼光和对我的嘲笑声依旧如昨天。但我牢记父亲讲的故事。既然我走路的姿态不优美，那就努力让自己的学识丰富，让自己的内在不断得到自我提升。

所以，再次面对同学们的不友好，我并没有多加理会。因为我明白了一个道理：当一个人有了更深层次的追求和目标时，就会把世俗的眼光看淡，即便有人在你面前嘲笑和歧视也无妨。因为每个人都有自己看重和追求的东西，大可不必将其他琐事挂碍于心。

> 有位画家将自己的一幅画作拿到两个不同的画廊去展示。她别出心裁地在画作旁边写上了一句话:"观赏者如果认为此画作有欠佳之处,请在留言簿上做上标记"。画展结束后,画作上标满了各种形状的记号,甚至有的人还写明了标记的理由。整幅画被批判得一无是处。
>
> 在另一个画廊里,画家同样附上留言,只不过和前一家画廊写的内容相反,"请每位观赏者在最欣赏的地方做上标记"。结果在第一家画廊被指责的地方,在这里却都成了被欣赏的地方。

同一幅画却得到了相反的评价,变化的并不是画作本身,而是欣赏它的人的眼光。换个角度来思考,无论别人如何看待自己,如何评价自己,我们都应当有自己的主张,要有判断事物对错的能力。于我而言,身体残疾是客观的事实,并不是我的错,别人嘲笑和讥讽虽然让我很不自在、很尴尬,但又能如何?

鲁迅说过:"走自己的路,让别人说去吧。"只要你不把这些放在心上,就没有什么能够困扰到你。生活是自己的,过得好与坏完全取决于我们自己,而不是取决于别人如何看待你,我们不必过于在意别人的眼光。只有这样,我们才能活出真正的自我。

【思考与感悟】

1. 你在童年的时候有没有因为一件事情被同学孤立和嘲笑过?

2. 你是如何看待自己遭受异样的眼光和被嘲笑的?

3. 面对这些不友好的事情,你是如何应对的?

被重视是一种奢望

> 越容易被忽略就越希望被重视。被人重视是一件极其快乐的事情。

每个人都有很强的存在感，都不喜欢被人忽视，而是喜欢得到别人的重视。因为每个人都是有自尊心和虚荣心，得到别人的重视、认同和赞许会让自己身心舒畅、自信满满。

在日常生活中，一个人如果总是不被人重视，总是被别人当作空气一样对待，遭受别人的冷落，就会产生自卑感，觉得自己的存在没有什么价值和意义。一个人，如果总是得到别人的关注和重视，就会有众星捧月之感，就会觉得自己是这个世界上最幸福的人。

我在小的时候就强烈地渴望家人的重视。

时间过得很快，从上小学开始，我虽然走路一瘸一拐，但生活完全可以自理，所以就不住校了，每天在学校和家之间往返着。在这段时间里，我感觉家庭氛围有些许微妙，生活中总是伴随着父母的争吵声，他们的绝大多数争吵是因为家里没有男孩子。我的父母是比较守旧的人，他们都抱着家里应该有个男孩子的传统思想，妈妈的想法比爸爸更强烈。

后来，父母终于如愿以偿，第三个、第四个孩子都是男孩，这对于父母来讲可以说是天大的喜事。我甚至能从父母的眼睛里看到之前从来没有的光芒。

随着两个弟弟的出生，女儿在他们心里也就没有那么重要了，尤其是我这样一个腿脚不便、给他们的生活添加负重和负担的孩子就显得更不重要了。我也渐渐成了家里的"隐身人"。

为了将原本父母给我的爱重新拿回来，我从小就表现得特别懂事，尽量让自己成为父母喜欢的样子：懂事、乖巧、不闹腾。我做到了，却发现我越是懂事、乖巧、不闹腾，就越得不到父母的关注，越容易被父母忽视。而两个弟弟是男孩，父母十分在乎他们。对此，我看在眼里，难过在心里。难道只有像两个弟弟那样才能得到父母的关注吗？然而，无论如何也改变不了我是女孩的事实，难道我这辈子注定在家里不受待见吗？

母亲总是不认可我，所以我做事情的目标之一就是希望得到她的认可，让她觉得我是有用的人，这样我就不会被母亲抛弃。

随着时间的推移，弟弟妹妹慢慢长大，父母为了养活我们，工作和生活也越来越辛苦。而我为了得到父母的重视，所做的一切在父母眼中也都成了"你是家里的老大，你就应该多做"。如果少做了一点，或者有一件事没有做好，就会遭到母亲的鞭策。而且母亲习惯将挑水的麻绳放在水缸里浸泡，这样麻绳会更有韧性。别人家的孩子，只有太过调皮或者闯祸了才会受到家长的责骂，而我的母亲只要她心情不好就会打人，就会抡起麻绳打在我单薄、柔弱的身上，使我生生痛出眼泪。

在这样的家庭中生活，我从五岁开始就会自己做饭、洗衣服。转眼，我已经上了小学二年级，也正是从这个时候开始，我每天的作业量明显比之前多很多，但每天放学回来的第一件事情就是帮忙做家务，平时就是在家洗衣服、做饭、收拾屋子，有的时候也会帮母亲做火柴盒挣外快，还会帮着外公、外婆撕扯羽毛。等一切事情做完了，我才有时间写作业，几乎每天都要写到午夜12点左右。

尽管为家里做了很多，母亲还是觉得我很懒。每天早上还让我承包了家里人的早餐。为了不耽误大家吃早饭，我早上5点之前就需要起床排队买豆腐和米粉，然后快步走回家做早餐。家里所有杂七杂八的事情，几乎都是我一个人在做。我也只能从这一点点家务里，找到自己的存在感和价值感，累，但也会十分开心地去做这些事情，并会努力做到最好。

因为身体残疾，所以我行动起来没有那么灵活，在母亲看来我就是故意慢吞吞地，我也因此习惯性地成了母亲的出气筒，一切打骂也就顺理成章了。

我的童年是没有娱乐的，是在浸水麻绳的鞭策中慢慢长大的。这个阶段给我的人生烙下了深深的印记，也让我把得到母亲的重视和肯定当作自己的目标。但事实证明，我无论做得再多、做得再好，这一切对于我来说也都只是一种奢望。

有一个小女孩在班级里总是不被老师重视的中等生，为此小女孩感到十分自卑，但这并没有浇灭她对老师重视的渴望。于是，她经常去观察那些被老师重视的同学，发现，他们有的学习非常好，经常受到老师的表扬；有的在班上非常调皮，经常受到老师的批评。她知道，受老师批评并不是好孩子的表现，这样虽然受到老师的重视，但并不是自己想要的。于是，她向那些学习非常好的同学看齐，努力提升自己的成绩。

此后，她积极回答课堂提问，勤于帮助同学，班级上的活动她都踊跃报名、积极参加。更重要的是，半年后，她的成绩向前提升了十六名。小女孩的进步，老师看在眼里，再加上学习成绩的大幅提升，更是得到老师的赞赏，同学们也都喜欢和她一起玩耍，成为十分要好的朋友。

> 随着时间的推移，小女孩明白，别人对自己的重视并不是理所应当的，需要通过自己的努力去赢得。当自己不断进步、乐于助人时，当自己不断努力和付出时，老师和同学就会开始更加关注和重视她。于是，小女孩决心继续做一个积极向上、关心他人的孩子，并且用自己的行动更加努力去提升自己。

每个人都想被重视，这是人性中最重要的组成部分。尤其在我年纪还小的时候，再加上身体残疾，就更希望通过被重视而获得来自父母的安全感。长大后，我才意识到，被重视的感觉不一定是他人赋予的，也可以通过自己获得。所以，要想被重视，就应当从自身做起，努力提升自己，让自己变得更加强大。当自己变得足够强大时，你就是一颗最闪耀的星，全世界都会因为你的熠熠生辉而注意到你，都会关注你，会对你和颜悦色，善待有加。所以，唯有自己强大才是根本。

【思考与感悟】

1. 你认为被人忽视是一种什么样的感觉？

2. 你应该如何处理被忽视的感觉呢？

3. 想想看，你做了那么多，最后是否得到了别人的重视呢？

第二章

家庭变故下负重成长

生活总是不会轻易让我们长大，变成熟，往往也不会让我们走得一路畅通无阻，而是让我们历经一定的磨难之后才破茧成蝶，在经历痛苦挣扎之后才让我们脱胎换骨，涅槃重生。我就是一个在经历家庭变故和重重苦难之后成长起来的女孩。虽负重前行，但仍向上而生。

快乐而短暂的单亲生活

> 小孩子的快乐其实很简单，没有烦恼就是最大的快乐。

回想起我的童年，总体上来说是灰暗的，但也有过一段短暂的快乐时光。

在我十岁的时候，父亲不幸出了车祸，驾驶证被吊销之后，还被拘留了15天。父亲被拘留的事情很快就传开了。

由于当时不少人对法律认知不强，他们误以为父亲被拘留就是罪犯。所以很多人都会排斥我们一家人，大老远看到我的家人就会躲得远远的，生怕与我们家产生一丁点关系。甚至有人在大街上，直接在我面前说一些很难听的话。我当时也因为太小，不懂法律知识，认为事实就是别人说的那样。但听到别人说父亲的不好，我总会怼回去："关你什么事！"然后低着头用最快的速度走回家。

被拘留十五天的日子终于到了，我很期盼父亲早日回家。这样就不会再有人说三道四了。父亲被放了出来，原本父亲回家团圆是一件十分开心的事情。但早已顶不住舆论压力的母亲也早就作出了决定，等父亲一进家门，就提出和父亲离婚。

父亲知道自己给母亲和一家人带来的不好影响，虽然内心有诸多不舍和难过，但最终还是站在母亲的立场上同意离婚。父亲带着我和大弟弟过活，母亲则带着妹妹和小弟弟生活。

对于我来说，相比母亲和父亲的分离，我似乎对于自己能够逃离母亲的鞭打，再也不用做那些无休止的家务，内心感到十分愉悦。偶尔父亲还会左手拉着我右手拉着弟弟，带着我们一起去电影院。懵懂无知的我只觉得这是我以前都没有过的开心和快乐。

虽然父亲当时果断同意与母亲离婚，表面看上去风平浪静，但内心的伤痛却时常在我和弟弟不在他身边时表现出来。事实上，父亲的内心极度痛苦，他经常喝酒，喝得酩酊大醉。而且父亲每每喝醉后，都会独自坐在院子里的石阶上喃喃自语："我就是个失败的人，要不是我开车出了事故，也不会导致今天婚姻失败。"都说酒后吐真言，我虽然不懂父亲对母亲深厚的感情，但能感受到父亲当时内心的悔恨和难过，甚至能感受到父亲的伤心欲绝。

好在那几年积攒了帮母亲赚外快的经验和做家务的经验，在接下来的日子里，我每天放学后接弟弟放学回家，在父亲下班之前做好晚饭，收拾好屋子，然后还要做一些零散的活，为自己赚学费。

童年一去不复返，有苦也有甜。跟着父亲的那段单亲生活时光，为我充满痛苦和折磨的童年增添了一抹欢乐。现在回想起来，那段时光我虽然只获得了短暂的快乐，却让我记忆犹新，十分怀念。

【思考与感悟】

1. 你的童年是否在无忧无虑中度过？

2. 有没有什么让你难忘的童年趣事、乐事？

觉得自己父爱被"抢"

> 世事无常，没有什么是永久不变的。你所渴望的安全感，与其寄托在别人身上，不如靠自己来争取。真正的安全感来源于你自己。

小孩子总是对父母的爱有很强的占有欲，尤其是对父爱的占有欲。很多家庭里，母亲虽然温柔，但总是扮演着严厉的一面，这就让孩子对母亲既爱又怕。

但我的父亲总是跟几个孩子一起玩耍，对我们表现出溺爱的一面，也把最温柔的一面给了我们，所以相比而言，我更加喜欢父亲。

或许因为我在母亲那里获得过不好的遭遇，让我对父爱有了更多的期待和占有欲，所以我会时不时地担心父爱被"抢"。

在和父亲、弟弟一起生活了一段时间之后，父亲渐渐从情感旋涡中走了出来，精神也开始振奋起来，家里的生活开始向好的方向发展。就这样生活了大概两年的时间，父亲再次遇到了意中人。

一天，父亲把我和弟弟叫过来，向我们直言说要给我们找个"新妈妈"。听到父亲这么说，我内心是十分抗拒的。毕竟之前自己的亲生母亲都不喜欢自己，对自己十分苛刻，"新妈妈"更不会对我和弟弟好吧。父亲为了说服我们接纳这个"新妈妈"，说了很多，也夸了她很多。父亲告诉我们，她是个善良的老师，以后会很好地照顾我和弟弟，给我们更多的母爱。我似乎对父亲口中的美好情景有些憧憬了，于是就默默地点头同意了。

父亲第一次带这个陌生女人来家里时，我和弟弟因为怕生都默默地躲在角落里打量着这个陌生女人。她长得十分清秀且漂亮，看上去也像父亲所说的那样善良，一进来就满脸笑容地跟我和弟弟打招呼，还给我和弟弟买了好吃的。父亲看我和弟弟没有回应她，便顿时严厉起来，但我和弟弟还是没有喊出口。我和未来继母的第一次见面就这样在尴尬中结束了。

第二次与继母见面就是父亲迎娶继母的时候。那天，家里布置得非常喜庆，来了很多人，非常热闹。父亲忙着和继母招待客人，我看到父亲满眼全是继母，继母在哪里，父亲的目光就跟随在哪里。而我和弟弟则完全被忽略了，我们站在一边，看着眼前发生的一切，看着父亲对继母满满的爱意，心生羡慕。

在父亲和继母的婚礼仪式进行的过程中，父亲把我和弟弟叫过来，让我们喊继母"妈妈"。但我们真的喊不出口。

可能是继母因为我和弟弟没有在众人面前喊她"婶娘"，让她觉得尴尬没面子，所以，在我抬头望去时，继母脸上的笑意顿时全无，满脸不悦。父亲看到此情此景，训了我和弟弟两句。弟弟虽然不乐意，但还是照做了。看到弟弟乖巧懂事的样子，父亲满脸欣慰和开心。

相比之下，我作为姐姐，却始终没有开口，在父亲和继母眼中，我这个"闷葫芦"与乖巧懂事的弟弟相比就更不受待见和喜欢了。所以，父亲和继母安排弟弟坐下吃饭，却把我一个人丢在角落里。这让我更加笃信，父亲不会再像以前那样爱我了，父亲对我的爱被继母"抢"走了。

等到晚上所有客人都散去了，父亲把我叫了过来，又是对我一顿训斥，接着就是一顿开导，让我改口叫继母"婶娘"。可是我无论如何也开不了口，不是因为怕生，也不是因为害羞，而是因为内心里一种强烈的抗拒。

之后的日子里，我们在继母那边住，就在一个屋檐下别别扭扭地生活着。起初，继母还是客客气气的。继母说如果喊她"婶娘"一时难以改口，就喊她阿姨。可是，我依旧用沉默代替一切。慢慢地，继母开始在父亲面前无端地告状。

其实，回想起来，我当时作为一个小孩子，是对失去至亲之爱的一种焦虑和恐惧。从记事起，我就不曾像其他小孩子一样拥有过温暖的母爱，父爱于我而言是我唯一的"保护伞"。我一个仅有14岁的孩子，根本没有能力保护自己，如果连父爱都被人"抢"走了，那么我就是一个没人撑腰的孩子，就会失去安全感，就连最后一丝来自父爱的幸福感也丢失了。所以，我很害怕父亲也不要我了，不爱我了。

待我稍微长大一点之后，我对害怕失去父爱这件事情有了新的认知。人总是习惯性地向外寻求安全感。这个世界上，没有谁能一辈子为你遮风挡雨，一辈子保护你，给你安全感。安全感并非向外寻找，而是自己给自己的。只有自己才能给自己最大的安全感。

【思考与感悟】

1. 你的童年有没有遇到缺爱的困扰？

2. 你在童年中缺失的爱到底是什么？

3. 缺爱对你有什么影响？

4. 如何补足童年缺失的爱？

来自家庭的冷暴力

> 身体上的伤口是可以痊愈的,而来自心灵的创伤是最难愈合的,永远在心头。

和做错事被父母暴揍的经历比起来,我觉得我所经历的来自家庭的冷暴力,更让人内心感到痛苦不堪。

自从父亲娶了继母之后,我的生活又一次陷入了黑暗世界。每天早上一睁眼,阳光从窗户照进来,但我并没有觉得阳光照在我身上是温暖的,也没有感觉到阳光照射下眼前的世界有多么明亮。

父亲和继母结婚后,父亲重新考了驾照,又继续跑长途车。

平时,父亲在家的时候,继母还会当一个"慈母"。每次做好饭的时候,都会喊我和弟弟出来吃饭。但每次父亲一离开家,继母就像是变了个人一样。

弟弟乖巧,嘴巴甜,总是亲切地喊继母"妈妈",而我从来都没喊过她,久而久之看似她已经放弃了,但也因此在继母内心种下了讨厌我的种子。父亲如果哪天单位有事不回家吃饭,继母就会喊弟弟出来吃饭,却把我当作空气一般视而不见。

那段时间,父亲要被单位调去外地出差半年时间。这对于我来说,意味着要失去"靠山"长达半年的时间。当时我想,父亲不在家、没有父亲依靠的日子一定会十分难熬。

父亲出差离开后的第一天，一大早醒来，我简单洗漱了一下，出来看到了餐桌。父亲在的时候，这个时候餐桌上已经摆放了丰盛的早餐，而那天桌子上什么都没有。我便知道，在一段时间里不但是我，就连乖巧懂事的弟弟也很可能没饭吃。所以，我和弟弟早早地一起出门上学去了。

我家后面是一个菜市场，附近有很多饭馆，我和弟弟在家里没饭吃又没钱，难以忍受饿着肚子的煎熬，所以我就灵机一动带着弟弟去一家早餐店赊了早餐。早餐店老板就住在我家隔壁，认识我和弟弟，我和老板说明了情况，并一再保证等父亲回来就把所有吃饭赊的钱都会还上。老板答应了赊给我和弟弟早餐吃。早餐终于有了着落。

午餐我们都在学校食堂吃。下午放学后，我和弟弟回到家，已经饥肠辘辘了。看到桌子上继母做好的晚餐，我们正准备吃，此时继母从厨房出来，大声呵斥说："吃什么吃？是给你们做的吗？"为了避免与继母正面冲突，我和弟弟无奈地朝卧室走去。也正是从这一天开始，我和弟弟受到了来自继母的冷暴力。

回到卧室后，弟弟蔫蔫地说："姐姐，继母不给我们饭吃，怎么办？我饿。"于是，我偷偷到了厨房，看有什么可以吃的，给弟弟做点凑合着对付一下。没想到，厨房里的食物都被继母锁到了柜子里。没办法，看着弟弟，我很是心疼，就带着弟弟去了后面的菜市场。

在一排饭店外走了一圈，我挑了一家顾客不是很多的饭店，硬着头皮走了进去。老板本来以为我们是来吃饭的，很高兴地迎了过来。但听到我说明来意之后，脸上瞬间晴转多云。为了能让老板同意，我只赊一份饭给弟弟吃。在我的再三请求下，老板才答应了。就这样，父亲走后的第一天，也是我和弟弟赊饭过生活的开始。

此后每天，我和弟弟的生活都是在赊饭中度过的。当一家饭店老板不愿意再赊给我们的时候，我们就想办法再换一家，最后导致整排饭店的老板都认识了我。赊完一圈之后，老板们也不愿意再赊给我们了。父亲还是没有回来，我们就不好意思再去赊账了。所以很多个夜晚，我和弟弟都是饿着肚子入睡的。有时候，我也会在吃午饭的时候，特意留一些带回家，晚上给弟弟吃。期盼父亲早点回来，也成为我和弟弟那时候最大的愿望。

终于，盼到父亲回来了，我和弟弟高兴坏了。父亲回来也就意味着我们再也不用担心没饭吃，再也不用饿着肚子睡觉了。后来，父亲把我和弟弟赊的账一一还清。对于我和弟弟赊饭吃的事情，我和继母各执一词，父亲不是当事人，又不知道谁说的是真的，这次的冷暴力事件就这样潦草结束了。

> 曾经有一则新闻报道：杭州一名7岁的女孩子，因为贪玩，暑假过半还没做作业，母亲一生气，就将小女孩赶出门外。小女孩在门外足足待了3小时，不管怎么敲门，怎么道歉，孩子的母亲始终没有开门，而且不闻不问。后来即使警察来了，也没能成功劝说她的母亲开门。无奈，警察只好把小女孩带到警察局住了一夜。
>
> 这种用冷漠、轻视、疏远、漠不关心、不理不睬等形式，逼孩子"臣服"、认错，使得孩子在精神上和心理上受到伤害的行为，就是一种冷暴力行为。

那半年冷暴力事件下的难熬日子，我至今难以忘怀。因为，长时间死皮赖脸地赊账，会让别人十分厌恶，有时还会被别人嘲笑，让我的心灵也因此受到了创伤。表面上看，这比皮肉之伤的伤害性小很多，但实际上却给我和弟弟造成了心灵上的伤害，痛苦远大于皮肉之伤，而且很难治愈。

【思考与感悟】

1. 你有没有遭受过家庭冷暴力？

2. 你的心灵是否因为家庭冷暴力而受伤过？

3. 你是如何为自己疗伤的？

成为被甩掉的"包袱"

> 越不被看好，就越要努力证明自己。

你知道被视作"包袱"是什么样的感受吗？很多孩子作为父母再娶或再嫁而带过来的孩子，成了父母的累赘，不受待见，遭人嫌弃。对于幼小的孩子来说，不管你做什么、不论你做得好与坏都不受待见，这是对幼小心灵的一种极度伤害。

事实上，自从父亲再娶之后，我似乎在所有人眼中都是一个累赘与包袱。在我15岁的时候，家里人就想将我嫁出去，给家人减轻负担。

那天，学校宣布放暑假了。我回到家，一进门，一直以来都没有给我好脸色的继母，突然笑脸相迎地走过来，让我有些不知所措。

"丽文啊，今天晚些时候，把自己好好打扮打扮。"见我没回话，继母脸色瞬间晴转多云，没有了笑容，继续说道："丽文啊，你看你已经15岁了，也成大姑娘了。我有一个远房亲戚，就是你外公外婆的世交，家庭条件不错，他家有个儿子和你年纪相仿，你们可以交个朋友，相处一下。今天晚上那孩子就会来家里和你相个亲。"

继母张罗我相亲，我能感受到她特别高兴，因为她脸上展露着无比开心的笑容。15岁的我，不算小也不算大，对于相亲这件事既懵懂又害羞，更多的是对继母随意安排我人生的一种强烈不满和抵触。

"相亲？还不是为了把我这个'包袱'甩掉？然后家里就不用管我，也不用养我了，也不用花钱供我读书了。说得真好听！"我心里想着，也没吭声，径直走到了自己的床上，钻进被子里，仿佛想要通过被子把自己与这些并不喜欢的人和事情隔离开来。

父亲回来后，喊我吃饭，见我没动静就走了进来。还没等父亲开口，我便问父亲："爸，您也想赶紧把我嫁出去吗？"父亲看出了我的心思。"爸爸没别的意思，只是想着，给你找个以后能照顾你的人。当然，你现在还小，不是结婚的年纪。如果你觉得那个男孩子不错，我们可以先定个娃娃亲，等你们到了法定年龄再结婚。"我没说话，直接用被子把头蒙上，以示反抗。然后父亲就出去了。

晚上，我听见外面有陌生人说话的声音。透过窗户，只见有三个人从外面走了进来。其中一个男孩子，长得胖胖的，应该就是继母介绍的相亲对象。和来人寒暄了一会儿后，父亲进来叫我出去。无奈，我只好出来。那个男孩见了我，一眼就看中了我。

自那以后，男孩经常来我家，连续来了十几天，而我连续在外面躲了十几天。每天不是大清早出门到同学家，就是躲在一楼和二楼的隔空层那里。因为我家住一楼，这里正好能看到我家。每天看到男孩走了之后，我才敢回家。

后来，那个男生找到继母，表了态，让我好好想清楚是不是要继续交往，想清楚了再和我确定以后的关系。继母知道情况后，对我的表现十分不满，觉得好不容易要甩掉的"包袱"这下子又甩回来了，所以就跟父亲说我不懂事，有人看上就不错了，还说我腿脚不灵便还不抓紧机会，不知好歹，以后注定嫁不出去。

听到继母这么挖我的痛处，我的内心痛苦极了。再看看父亲满脸的不高兴，我觉得整个世界都要抛弃我。当时，我就告诉自己，只要把弟弟带大了，我就不想活了，人生已经没有什么可留恋的了。

之后，随着时间的推移，我意识到当时的轻生念头其实是一种懦弱的表现。生命之所以珍贵，就在于其短暂、不可逆。如果因为别人的否定而想不开轻生，一旦失去了生命，一切都将化为乌有。唯有活着，人生才有希望，才有意想不到的未来。

所以，越是不被人看好，就越应当努力活出自我，越要活得精彩。除了自己，谁都不能说我们不行。

> 邓亚萍的成功不仅在于她在乒乓球领域所获得的前所未有的成绩，还在于她令人刮目相看的拼搏精神。
>
> 邓亚萍在5岁的时候开始学习打乒乓球。但由于她个子较矮，手脚粗短，被教练拒之门外。因为教练觉得她不适合打乒乓球，以后在这个领域也不会有所建树，如果硬要练习，只会白白耽误孩子的青春，与其这样，不如学个其他项目。
>
> 邓亚萍并没有因此而气馁，在父亲的带领下，日复一日地艰苦训练。她付出了比常人多数倍的努力。终于，在她10岁的时候，在参加全国少年乒乓球团体和单打比赛时，获得了两项冠军。此后，邓亚萍的人生有如神助一般。13岁，夺得全国冠军；15岁，拿到了亚洲冠军；16岁，获得了世界锦标赛女子团体和女子双打的冠军。
>
> 在之后的比赛中，邓亚萍战无不胜，共获得14次世界冠军；在乒坛世界排名连续8年保持第一。要知道，能够在世界上连续排名第一的女运动员中，她的第一纪录是女运动员中保持时间最长的。

邓亚萍在别人不看好的情况下，依然能奋起努力，用超过常人数倍的努力最终创造了惊人的奇迹。所以，我们任何时候都不要低估自己，更不要妄自菲薄。

【思考与感悟】

1. 你有没有被别人轻视过?

2. 面对这样的情况,你是怎么做的呢?

第三章

少年当自强

如果把人的一生比作一年四季，那么少年则是春暖花开的最好时光。少年时光总是美好的，却也稍纵即逝。无论我们正在经历什么，处于什么样的境遇，都应当学会自强。

感谢那束突破阴云的光

> 当不幸降临时，最好的办法就是让它赶快过去，这样你才会有更多时间和精力去做更有意义的事情。

遭遇不公平待遇你是自暴自弃，还是奋起回击？这个世界上，人最大的错误就是灰心丧气，自暴自弃。自暴自弃，破罐子破摔，只会让自己陷入更加糟糕的境遇，让事情变得更加无法收拾。

无论你遇到多么糟糕的事情，不管跌入多深的谷底，都不要自暴自弃。我就曾经从人生谷底奋力爬上来过，这个过程需要更多的努力。

在经历了那场相亲风波之后，我的内心被继母的话语刺得生疼。虽然小时候同学也嘲笑过我，但那时候还小，懂得不太多，即便内心受伤也不会像现在这样如此难过。我觉得自己的身体落下了残疾已经很不幸了，如今还要遭受这样的打击，我就是这个世界上最不幸的人。

一整个暑假，很长一段时间我不想出门，不想见任何人。因为左邻右舍都知道相亲的事，我害怕再次受到别人的嘲讽而让自己再次难堪。所以，我除了必要的时候出来弄点吃的垫垫肚子，上个卫生间，其余时间都是在房间里待着。当时家里是套房，我和弟弟睡在客厅，弟弟在上铺，我在下铺。所以，我蜷缩在上下铺与墙面构成的角落里，将自己和内心牢牢地锁在这个狭小空间里，用窗帘把自己包裹起来，我此刻觉得自己仿佛跟所有人都不是同一个世界的人。

父亲知道那天继母说的话，伤到了我的心，多次尝试让我从窗帘里出来，想要跟我好好谈谈，但这次我表现得非常坚定，始终没有出来。我似乎感觉我以后也走不出这座"心牢"了。

晚上，大家都各自睡去了。我内心却犹如翻江倒海一般，很不是滋味，也没有一丝睡意。此时突然想到同学之前借给我的一本书——《假如给我三天光明》。

感觉待着也很无聊，索性就看了起来。读了十几页后，我发现这本书的主人公海伦·凯勒是真实的人物，并非杜撰，她似乎与我有着相同的经历。可能是因为同病相怜，我对这本书产生的阅读兴趣越来越浓烈，也迫不及待想要看看主人公后来所经历的一切。

海伦·凯勒一岁半的时候突然患病变成了盲聋人。起初，她也对生活失去了希望，用消极的态度去面对生活，也因此变得非常暴躁，她感觉现实世界对于她来说没有爱，是一个冷冰冰的世界。她迫切希望自己能重见光明。后来，在一位老师的帮助下，她学会了读书、识字，也明白了生命的珍贵与意义。于是她渐渐敞开心扉去重新认识世界、感受世界，重新拾起了对生活的希望和激情。后来，她无论遇到什么不开心的事情都没有自暴自弃。而且，她还用自己的痛苦经历和美好渴望劝诫世人要珍惜光明，珍惜光阴。

海伦·凯勒同样是一个身残志坚的柔弱女子，但她却能以积极的心态面对生活，过好自己的每一天。再看看自己，虽然腿脚不灵便，但依然可以靠双脚走路，而且耳聪目明，情况比海伦·凯勒好太多，却把自己置身于灰暗、狭小的空间里，打不破心灵的束缚，走不出"心牢"。

对比之下，我又有什么资格说自己是世界上最不幸的人，又有什么资格自暴自弃？就因为继母几句话就想着去轻生？如果继续这么做，岂不是太辜负此生了？于是，我走出了"心牢"，不再惧怕任何不幸。我下定决心，要坚强起来，让内心的不悦与不幸赶快过去，并且还要通过自己的努力活出个样子，证明给所有人看。

十分感谢那个不眠夜，让我有幸了解了海伦·凯勒。海伦·凯勒就像是一束突破阴云的光，照亮了我的心房，照亮了我未来的人生。

【思考与感悟】

1. 你会因为一件内心备受打击的事情而自暴自弃吗？

2. 你后来就此沉沦了还是冲破了心灵枷锁？

3. 如果冲破了心灵枷锁，那么你是如何做到的？

身残，也许是最好的起点

> 不同的人有不同的人生起点。起点在哪不重要，重要的是你能通过自己的努力抵达的终点在哪里。

很多人一听到"残疾"两个字，就会在内心产生不好的感觉。残疾的确是一件十分不幸的事情，但这并不意味着就是人生的定局。

我们虽然无法改变残酷无情的现实，但我们未来的人生朝向完全可以由自己决定。我用我的亲身经历证明身残虽然只是不幸的开端，却是人生最好的起点。

> 艾美出生时没有腓骨，双腿存在缺陷。在她一岁的时候，她的父亲就做了一件备受争议但需要极大勇气的事情：截去了艾美膝盖以下的部位。之后，父亲在艾美大一点后，为她装上了假肢。艾美凭借惊人的毅力，不但能跑能跳，还能滑冰。后来，她的励志事迹成为很多人学习的榜样。她经常在女子学校、残障人士会议上做演讲，还成了时装杂志的封面模特。

艾美的不幸跟我的遭遇十分相似，但她却用自己的努力，证明身残并不代表生命的绝望，恰好是一个全新人生的开始。

我从 14 岁开始就摒弃了"这辈子就这样"的思想，学会了自强自立。由于自己才 14 岁，工作十分难找。所以，我利用寒暑假休息的时间在父亲上班的厂子里打零工。

有一回，父亲要出差一周。出门前再三叮嘱我和弟弟，让我们与继母好好相处。继母本身就是一个勤快的人，她不需要我帮她做菜，也不需要我帮她洗衣服。但喜欢让我做赚钱的事情，比如剥花生、剥瓜子，可以赚一些外快。我每天要做一些家务，像买豆腐、买米粉、挑水、拖地、洗碗之类的事情。

那段时间不知道什么原因，我不能走路了，一走路脚就特别痛。我说我走路脚很疼，提不了那么重的水。继母就说我娇气，说我明显是不想干活。我也就认为我是娇气。可是又想起了父亲出门前的叮嘱，我便提着水桶笨拙地走到水池边接水。接好后，还没走到洗衣服的地方，我一个趔趄摔倒了，随即水也洒了一地。

在屋里写作业的弟弟听见这么大动静跑过来，看我摔得四仰八叉，嘲笑我："姐，你看你，真笨。"

父母重男轻女，所以弟弟养成了骄纵、懒散的习气。我从小就不受家人待见，弟弟是看在眼里的，所以看我摔得很难看，弟弟不但没有帮我，还嘲笑我，这可是我的亲弟弟，为此我感到十分心痛。

水桶是铁桶，所以摔的声音很大。继母闻声过来，看到我摔得很狼狈，再看看一地的水，便说我"都这么大了，手不能提，肩不能扛，真不知道能干点什么！"

难道我真的就是个"废人"了吗？难道我真的就一无是处了吗？继母的话让我心里很不是滋味，更让我十分不甘心。

我知道即便自己摔得很惨，摔得很丑，事情还是得靠自己做。我费劲地爬了起来，把地上的水打扫干净，再次提着水桶一瘸一拐地走到水池旁。

有了上次摔倒的经验，这次我接好水后，双手拎着水桶，努力让自己和水桶之间保持平衡。虽然水桶还是晃来晃去，但却没洒多少。

我想，我的人生就好比是自己手里再次提起的这桶水，虽然被人拎着晃来晃去，也被洒了出去，这样一桶水变成了残缺的样子，但这并不意味着自己一无是处，失去了应有的价值。

此时，我想到了这样一个小故事。

> 一位挑水夫，每天都要用两个水桶从溪边往主人家挑水赚钱糊口。他的这两个水桶分别吊在扁担的两头，其中一个桶身有裂缝，另一个桶则完好无损。挑水夫在每次长途挑运之后，总是能将满满的一桶水送到主人家，而那只有裂缝的桶每次到达主人家时，就剩下了半桶水。
>
> 两年以来，挑水夫就这样每天挑着一桶半水到主人家。为此，那只完好的桶总是感到自豪不已，而那只破桶却每天为此懊恼不已。因为他只为挑水夫担负起了半桶水的责任。在经历了两年的羞愧和痛苦之后，有一天，那只破桶终于憋不住内心的苦楚，向挑水夫说道："我真的很惭愧，今天必须向你道歉！"挑水夫诧异地问道："为什么呢？"破桶回答："过去两年里，你每天辛苦挑水，而我却一边走一边漏，每次只能送半桶水到主人家。我的缺陷使你不能完成全部工作，只能收到一半的酬劳。"
>
> 挑水夫笑了笑，说道："我们待会儿走在回去的路上，我希望你能专门留意路旁盛开的花朵。"破桶不明白挑水夫什么意思。他们送水结束后，在从主人家返回的路上，破桶特意注意了一下路边，它看到色彩缤纷的花朵开满了，沐浴在温暖的阳光下。此时，挑水夫向破桶问道："你有没有注意到小路两旁，只有去主人家时你在的那一边有花，而好桶那一边却一朵花都没有呢？我明白你有缺陷，但你并不

> 知道你的缺陷背后还隐藏了别人发现不了的优点。因此我将它善加利用，就在你那边的路旁撒上了花种，每次我从溪边来，你就沿路替我浇花。两年来，这些美丽的花朵装饰了单调寂静的小路，吸引来蝴蝶飞舞，让小路充满了生机。如果不是你，也就不会有这沿途美丽的风景。"

有时候，我们的缺陷就像是这只破桶一样未必永远是我们所看到的劣势，只要我们敢于拥抱这种不完美，并善加利用，或者能够挖掘自身优点，扬长避短，劣势也会转化为难能可贵的优势，创造出惊人的奇迹。

对于我而言，身体残疾并不是我想要的，也不是我当初能够左右的，这的确是不幸的开端。但这并不能成为让人质疑我的能力的根源，更不是命运的定局。身残只是另一种人生历程的起点。

所以，我上学期间就趁寒暑假出来做临时工，不为别的，就是想证明自己并不像继母说的那样什么都干不了。

当然，那个时候因为自己年纪小，走路又不太方便，所以很多时候老板是不愿意给我工作机会的。偶尔，也会有某个老板愿意把我留下，让我做的都是一些轻松、简单的活。

有一次，看到招工栏里有一家火柴厂招工，做火柴盒。我便决定去试试。找到了负责人，负责人一来看我年纪太小，而且看我走路腿脚不便，便果断拒绝了。不过，被拒绝也是我意料之中的事情。"主任，就给我一次机会吧。我知道，我年纪小，身体又不好，但我想要通过我的努力，证明我不是一个废人，我也可以和正常人一样创造价值。主任，就把我留下吧。"我用十分坚定的目光看着负责人，内心十分期待能够获得这个工作机会。这位负责人最终同意让我试试看，并且安排我做火柴盒。

因为小时候帮母亲做火柴盒的经验，所以这份工作干得游刃有余，活做得很精致。负责人来检查火柴盒质量的时候，看我做得不错，还专门在新进来的员工中表扬了我。

那天可以说是我整个中学阶段最快乐的时光。要知道，一个人长期在打击中成长和生活，能够得到一次别人的夸赞和表扬是一件多么令人兴奋和激动的事情。

也正是这次美好的经历让我意识到身残并不可怕，可怕的是心灵随之变得消极沉沦。当一个人的心灵也开始变得残缺后，一切都将无法挽回。这才是人生最大的不幸。唯有用正确的心态去看待身体上的缺陷与不足，抱怨才会少一些，幸福才会多一些。

可以说，身残如同"清醒剂"一般，有的人在不幸变得残疾之后会突然醒悟，眼前的一切都是上天赐予的一个绝佳的机遇，于是奋起努力，摆脱了以前平平淡淡、消沉麻木、碌碌无为的生活状态，成就了人生的辉煌。身残有时也是一面镜子，它不但可以折射出懦夫不堪一击、逃跑回避的身影，也可以照射出勇士不断进取，大胆突破自我的英姿。

一个人，如果因为身残就要放弃自己，让自己的人生毫无目标，漫无目的地游走在人群中，对于人生的意义全然不知，不知道该如何走出逆境来实现自己的价值，那么这个人必然会像行尸走肉一般，徒有一副空壳而存在。但是，如果他能够认识到身残并不是人生的结局，懂得活着的意义，就会为自己的目标而坚持不懈地奋斗，用实际行动换来最终圆满美好的结果，以此来证明自己并不是想象的那样一无是处，而是一个真正的潜能激发者。

突如其来的身残，虽然会让我们原本彩色的生活和人生瞬间沦为黑白色，但只要我们足够坚强、足够强大，就能用自己的双手再次为生活和人生着色，甚至描绘出更加与众不同的未来。

【思考与感悟】

1. 你对你的人生起点是否满意?

2. 你是否尝试过通过自己的后天努力达成更加高远的人生目标?

积极争取与果断舍弃

> 人生总有为自己争取的时候，也有不得不舍弃的时候。争取需要勇气，舍弃更需要勇气。

你有没有为一件事情成功争取后又果断舍弃的经历？人生就是一个不断积极争取，又不断做取舍选择的过程。这个过程，虽然看似难以抉择，但我们都不应逃避和退缩。在这个过程中，无论我们做何种选择，都应当遵从自己的内心。

林肯说过："所谓的聪明人，就在于他知道什么是选择。"人的一生中，最重要的两件事就是积极进取和果断舍弃。

上学期间，我的成绩一直都不错。一方面源于我对知识很渴望，另一方面源于我有快速提升自我的严格要求，上初中后，我学习越发努力了。

可是父亲却觉得，上学每年要交学费，女孩子不需要读很多书。

一天，吃完晚饭之后，父亲把我叫出去，说有事和我商量。我也没多想，就出去了。结果父亲告诉我："你看你和弟弟越长越大了，以后花钱的地方有很多，家里的负担太重。你一个女孩子，以后迟早是要嫁人的，要不读完初中就去学个技术，对你以后也是好的。"

不让我继续读书？这对我来说，仿佛是晴天霹雳。我从小就立志"读书让自己变得强大"，那是我从小的梦想。我当时没明确表态，只是说"我考虑考虑"。

于是，我就更加勤奋学习，争取在初中三年里学出个样子给他们看。

此后，我一心用在学习上。除了课堂学习之外，我还充分利用寒暑假时间学习初中课程。初二的下半学期，我就已经提前完成了初中三年的所有课程。所以我偷偷尝试着参加了中考。

开心的是，我成功考上了当地一所比较好的高中。拿到中考成绩的那一刻，我内心的喜悦无以言表。

当我拿着中考成绩单回到家时，看到父亲和继母正开心地聊着天，我想这是给父亲看录取通知书的最好机会。然后，我怀着忐忑的心情走到父亲面前，把录取通知书从书包里拿了出来，缓缓放到父亲面前。父亲看了我一眼，拿起录取通知书，打开仔细地看着。只见，父亲边看脸上边洋溢着开心的笑容。但随即笑容消失了，之后便是眉头紧锁。

父亲把我叫到他的卧室，此时我似乎有一种不祥的预感。父亲说道："什么时候学完的初三课程？以后有什么打算和规划？""自学的。爸，我想读高中，我不学技术！"我十分坚定地说。父亲看了我一眼，顿了顿，然后说："你这次虽然考上了高中，但基础知识还是要学扎实，初三还是要上的。但学费你需要自己挣。初中毕业后你再决定上不上高中。"

事实上，从小学四年级的时候，我就已经开始自己挣学费了。听完父亲的话，我觉得父亲还是关心我的，为我的日后发展做了全面的考量。于是，我默默地同意了父亲的建议。

初三下半年的一天，父亲下班早，路过学校，骑车来接我。父亲蹬着自行车带着我，迎着夕阳前行。久违的幸福感从心底升起，我坐在后面，感觉耳旁的风是那么动听，嗅到的空气都是那么的清甜。我缓缓闭上双眼感受着这一切的美好。突然，父亲骑车从一块小石子碾过，自行车颠了一下，我被吓得睁开了眼睛。此时我才注意到，父亲已经添了很多白发。

这些年，父亲和母亲离婚后，虽然各自带两个孩子，但父亲除了把我和弟弟以及继母的孩子带大之外，也经常去看望母亲带的弟弟和妹妹，给他们买好吃的，买衣服，有时候还帮助母亲给弟弟妹妹交学费。五个孩子的开销，就像五座大山一样压在父亲身上。此时，我感觉内心很愧疚。

继续上学，还是辍学为父亲减轻经济负担？这两个对立的选择在我脑海里萦绕了很久。最后，我选择了辍学。毕竟，我已经到了该有担当的年纪，不能让父亲独自一人为了这个家而累垮。上学，只要想上，什么时候都可以。

"爸，初中毕业后我不想上学了。""你说什么？"我大声重复了一遍："我不想上学了！"父亲突然一个急刹车停了下来，对我突如其来的决定十分诧异，问我："改变主意了？还是有人欺负你了？"我低着头，眼睛不敢跟父亲对视："不是，是我觉得读书无趣，我想出去工作。"其实，我内心对读书的渴望一直都非常强烈。"你真的想好了？"我点了点头："想好了。"我抬头看了看父亲，父亲一脸的凝重，然后继续骑车向家的方向走去。

一直以来，华罗庚就在数学领域表现出极高的天赋，随着不断地学习和钻研，他在数学方面取得了诸多成果：他先后发表了20多篇论文；出版了《堆垒素数论》；被美国普林斯顿大学邀请做客座讲师，在伊利诺大学做教授，等等。在美国期间，他研究多复变函数论、自守函数和矩阵几何，在这些领域取得了巨大突破。

美国一所大学开出优厚的条件希望能聘请华罗庚为终身教授，但被他拒绝了，因为他要回国报效国家。回国后，他投身于理论研究，对祖国的科学研究工作起到了巨大的推动作用，他的足迹遍布全国各地，用数学解决了大量生产中的实际问题，被誉为"人民的数学家"。

> 虽然数学没有国界，但数学家却有自己的祖国。优厚的待遇足够诱人，但华罗庚并不为之动容。为了儿时心中的梦想，他毅然决然地选择回国发展，为国做贡献，无怨无悔。

很多时候，我们会为了自己的信念和梦想而奋力去争取；很多时候，我们在人生的岔路口，不得不作出取舍的抉择。每个人都要有所争取，也要有所取舍。争取是为了坚守自己的人生底线，坚守自己的看法和见识；取舍要听从自己内心的声音，更需要勇气与智慧。虽然争取的时候会出现重重阻碍，但只要不放弃，成功终会到来；虽然取舍的时候会举棋不定，但一旦决定了就落子无悔。

时至今日，我很开心，为了自己的追求和梦想努力争取过，也对后来自己果断选择放弃学业而无怨无悔。

【思考与感悟】

1. 你有自己想要争取的东西吗？你为之争取过吗？

2. 你有没有遇到需要抉择的事情？你最终做了什么样的选择？

对工作的强烈渴望

> 人生好比一场与自己的竞赛，你越是渴望成功，就越能在人生长跑中离成功越近。

一个人能不能成事，就看他对成功做成这件事的渴望有多强烈。渴望越强的人，内心就会告诉自己必须做成这件事，对自己做事的信心和决心就越大，在做事的时候才会真正全力以赴，最后才能水到渠成。

如果一个人的心力不强，内心对做成这件事情的渴望不够，就会缺乏狠劲，就会在行动上缺少积极性，最后在遇到困难的时候就会在唉声叹气中逐渐放弃。

我在上完初中后便走出校园，对工作产生了极为强烈的渴望。也正是这个时候，我便正式承担起一个长女与姐姐的责任——努力赚钱，为父亲分担经济压力。

事实上，我在找工作的过程中遇到了很多阻碍。

从初中走出来以后，全国开始有了"人才招聘"这个理念，逐渐建立起了很多人才市场。我感到自己非常幸运，人才市场可以说是我求职的最好平台。可是，现实情况却给了我一记耳光，让我在盲目乐观中清醒了许多。

我兴高采烈地去了当地的人才市场，看着多家企业对人才的急切渴望，对求职者抛出橄榄枝。我内心一阵窃喜："这么多家企业招聘，我成功找到工作的机会就增大了很多，我总应该能有一次成功找到工作的机会吧？"

前来人才市场应聘的人也很多，我随着大家的脚步走走停停，想要找到一个合适的工作。看到有一家企业招聘文员，这不是考验文笔的工作吗？我初中作文总是能拿满分，这不正是和我十分对口吗！于是我就抱着试一试的心态上前毛遂自荐。在招聘人员简单询问后，对方得知我职高还没毕业，便直接拒绝了。反观其他求职者，要么大学毕业，要么已经有多年从业经验。我顿时感受到了学历和阅历的重要性。

第一次应聘就遭拒，我虽然在来之前就做好了心理建设，但内心的失落感还是瞬间产生了。想起当时信誓旦旦地要帮助父亲减轻家庭负担，我便又有了继续碰壁的动力。

辗转了好多个招聘区，不是被拒绝，就是我自身不符合工作需求。就这样，我每天都去人才市场奔波，将近一个月过去了，依然没有结果。但我依旧没有放弃，只要看到有公司招聘，都会上前来试一试。

没想到的是，经过一段时间的应聘，从最初的远远观望，到后来主动上前询问工作，我发现我已经变了，变得不像之前那样胆小怯懦，而是能够洋溢着自信的笑容去面对每一家招聘企业。虽然应聘屡屡碰壁，但我已经越挫越勇，越挫越坚强，更重要的是，我对工作的渴望越来越强烈。我想，虽然暂时没有找到工作，但至少我已经得到了成长，也更加坚定了自己想要的东西。

通过亲身经历，我感受到：当你怀揣着渴望时，你的整个人生都会充满力量，一切都会向好的方向发展；如果你的内心没有憧憬，那么你也就不会有内燃力，你的整个人生也就失去了目标和希望，最终变得暗淡无光。

但再美好的渴望也都需要通过自身的努力来实现。因为，任何美好的事情都不会有一蹴而就的成功，都需要经历各种磨练、各种自我改变，慢慢积累，一点一滴付出。在这个过程中，越是碰壁就越要挖掘自己的原始驱动力，找到核心的力量，这样才有可能对这件事情一直保持强烈的渴望。

【思考与感悟】

1. 你有没有对一件事情有强烈渴望的经历？

2. 你为了这件事情是如何做的呢？

3. 最终做到了吗？有什么体会？

第四章

把工作当作信仰

人的一生，总需要寻求一定的信仰，才能让平淡无奇甚至充满坎坷的人生充满激情。当一个人有了信仰，即使身处迷茫，也能追寻信仰冲破迷雾，更加坚强地直奔人生意义的彼岸。把工作当作信仰，使我的生活变得更加充实，也使我更好地感知到生命的意义。

在橡胶厂的日子

> 每个走出校园踏入社会的年轻人，总是希望一下子就能找到一份理想的工作。但现实情况中，更多的时候还需要我们在慢慢摸索中不断历练。

你还记得你的第一次工作经历吗？人生其实是由很多个第一次组成的，第一次开口说话，第一次学习走路，第一次离开父母去上学，第一次学会做饭，第一次走入社会……对于我们来说，这些"第一次"充满了冒险、挑战、期待、惊喜、成长等，让我们的人生从此变得更加丰富多彩。

我的第一份工作经历就让我难以忘怀。

很长一段时间，我都没找到工作。有一回，在去人才市场的路上，我看到路边有一家橡胶公司的招聘信息，招聘轮胎成型岗位。经过打听，得知这家公司离我家很远，骑自行车也要45分钟，但我想着去应聘，试试看。

到了橡胶公司后，我看到有几十号人在排队等待面试。如此激烈的竞争阵势，着实让我有些畏惧和心慌。因为我个人身体的原因，顿时有一种气势上就低人一等的感觉。但转念间又想："虽然我走路不利索，但我做事情利落，这是我的优势。没什么好害怕的，我一定要充分展现自己的优势，抓住这次工作机会。"我内心思忖着，不断给自己打气。

轮到我的时候，我特意整理了一下自己的着装，努力让自己看起来立整些。人事简单问了一些问题后，让我填了一张表。因为当时这家橡胶公司缺人，所以面试之后，公司就让我直接上岗了。能被橡胶公司聘用，我内心的喜悦难以言表。因为这份工作对我来说真的很重要，它很有可能就是我这辈子人生转折的关键点。

刚开始，我在成型车间做轮胎。我找到了人生中第一份正式的工作，所以我十分看重这份工作。对于我来说，第一天工作虽然感觉很累，但我还是十分开心。因为这份工作意味着我将迎来不一样的人生。那几天我都是带着心中的美好而美美地进入梦乡的。

然而，世事难料。在做了7天之后，硫化车间缺人手，车间主任就叫我去推送做好的轮胎到硫化车间。我都想象不出来一个脚上有残疾的女孩怎么可能推得起二十条轮胎去硫化车间！工作真的很辛苦，我也不知道我是怎么做到的。

虽然做得很艰难，但我还是坚持推了两天，之后就没法走路了，在高强度工作负荷下，身体实在是扛不住了，我就去找了车间主任，想请他把我调回轮胎成型岗位。没想到的是，车间主任并没有要调我回原岗位的意思。无奈，我又坚持做了两天。

之后，我的身体实在不允许，真的做不动了。一共工作了11天，原本就瘦弱的我变得越发清瘦了，体重一下子减了8斤。所以，我再次找到了主任，表明自己的立场。然而，这次车间主任居然直接把我开除了。

就这样被开除，我的内心真的很生气，但随即一想，在外面工作要学会忍耐。于是，我努力压制内心的愤怒，要求车间主任把我这段时间的工资结一下，车间主任说下月才开本月的工资，这是公司的制度。我只好回家，等待结工资的日子。

终于等到第二月领工资的日子，我想这是我从学校出来上班后，凭自己的努力赚到的第一笔薪水，虽然只有短短半个多月的工资，但也是我凭自己的双手换来的。想到能拿到这笔薪水补贴家用，我开心极了。

到下个月，我去找车间主任表明自己是来领工资的，车间主任却跟我要出勤表和离职手续。初入社会的我，对领工资流程一无所知，更不知道该怎样才能拿到这个出勤表以及找谁办理离职手续。但也有在一起工作的好心人告知我流程和接手人，然而理事的人当天并没有来上班，等我再去找相关负责人时依然没有找到该人。

当时我就想，与其这样浪费时间拿不到工资，不如重新找一份工作。当时那种低下头来求别人给自己结算该得的工资，而别人又百般刁难的心情，只有自己经历了才知道。

从橡胶厂出来后，我的内心很凄凉。这是我初来乍到，离开学校的第一份工作。在橡胶厂的日子，对于我这个没有任何社会经验的人来说，让我深深地体会到了社会生存的不易以及人心不可测的现实。

我们迟早都会离开学校、离开家长的"庇护"，投入社会的洪流之中接受洗礼和磨练。在这期间，我们或许会经历迷茫、孤独与无助，甚至是不公的待遇。但只要能熬过来，这些让人厌恶的阅历却能让一个人得到成长，积累到更多的社会经验。等待时机成熟的时候，我们在面对其他工作时，就会变得从容很多。

【思考与感悟】

1. 你初入社会的第一份工作是什么？

2. 你的工作是否顺利、是否如意？

3. 你从人生的第一份工作中收获了什么？

吃了不善表达的亏

> 自卑的人往往不敢主动靠近别人。这是自卑的人的短板，也是他们吃大亏的原因。

你的人生中有没有因为自己的缺点而吃过亏？俗话说："金无足赤，人无完人"。很多人经常吃亏，深究后发现，很大一部分原因就是亏在了性格上。没有谁天生就拥有完美的性格。绝大多数人是在后期的生活中使得自己的性格在不断经历磨砺后被打磨得趋于完美的。

人们常说，什么样的性格就有什么样的命运。的确，性格对于一个人来讲对其一生影响很大。

> 这里有一个极富哲理的小故事：
>
> 有三个兄弟想知道自己的命运如何，于是去找智者，希望智者能够指教一二。智者得知他们的来意后，说："在遥远的天竺大国寺庙，有一颗价值连城的夜明珠。如果让你们去取，你们会怎么做呢？"
>
> 大哥说："我生性淡泊，夜明珠在我眼里也不过是一颗普通的珠子，我不会前往。"二哥挺着胸脯说："不管路上有多少艰难险阻，我一定把夜明珠取回来。"三弟一副害怕的样子，说："去天竺国那么

> 远，路上风险肯定非常多，恐怕还没到天竺国，人就一命呜呼了。"
>
> 听完他们的回答，智者笑着说："你们的命运已经很明晰了。"
>
> 大哥淡泊名利，不追求荣华富贵；二哥不畏艰险，勇于向前，前途可期；三弟性格怯懦，遇事退缩，恐怕难成大事。

同样一件事情，不同性格的人会有不同的对待方式。有的人选择忍辱负重，只待有朝一日东山再起；有的人宁为玉碎不为瓦全。这就是性格对命运的影响。

对我自己而言，我除了身体残疾之外，其实早些年的时候是非常内向的。也正是这样的性格使我在工作中吃了很多亏。

从橡胶厂出来之后，我便继续找工作。

离开校园后，我以为我和同学们所生活的环境不一样，不在一个圈子里。时间久了，同学们会慢慢把我忘掉。没想到的是，一天，跟我要好的同学娟子打电话来约好来我家附近的公园玩。

我们许久未见了，听到娟子要来，我既开心，又觉得有一丝尴尬。毕竟之前我们无话不谈，十分亲密，很久没有见面，又没有联系过，再加上我已经辍学，不确定对方心里我们的关系是否还和以前一样。但无论如何，娟子依然惦念着我，我觉得这份友情是十分珍贵的。

那天正好是周末，我们约定的时间是下午三点，我两点半就提前到了。坐在公园的长椅上，我回想起之前我和娟子一起嬉笑、玩耍的点点滴滴。那个时候的我们会彼此分享自己开心的和不开心的事情，彼此无话不谈。

正在回忆过往的美好时，娟子突然从我背后窜了出来，猛地拍了一下我右侧的肩膀，随后便是一声清脆爽朗的"丽文"。当我回头向右看时，她已经走到了我的左前方。她还是像以前一样活泼，喜欢和我嬉闹。久违的亲切感瞬间弥漫在心头，还是以前的那种熟悉感。

娟子问我："最近过得怎么样？工作还顺利吗？我可察觉到你现在已经变得比我成熟了很多。"听到她的关心询问，我对我初入社会所经历的一切反而羞于说出口，只是摇了摇头，简单地说了一句："情况不怎么好。"

她看出了我的心事，便说："我家亲戚开了一个服装店，我经常去玩，最近正好缺人手，要不我给牵下线，咱去试试？"娟子给介绍工作，主动帮我，我自然是十分开心的，但我从来没有卖衣服的经验，内心又打起了退堂鼓。"我从来没卖过衣服，我行吗？"娟子鼓励我："不去试试怎么知道行不行？走，现在就去！"说着，娟子就拽着我去了她家亲戚开的服装店。

这是一家开在马路边上的服装店，卖的服装都很漂亮。我正在打量之际，娟子便拽着我走进了店铺。"表姐，你不是店里缺人手吗？这是我同学，干活很麻利的，让她在你这试试？"娟子表姐打量着我，看我走路不太利索，勉强答应了，让我第二天来上班。

第二天，我赶在开店之前就来了，娟子表姐看我来得早，便利用顾客还没来的时间，让我熟悉熟悉服装款式和风格，教我一些服装面料知识、销售话术等，让我学会灵活应用，也多看看她是怎么卖货的。

在学习了一上午之后，那些话术我都记了下来。但由于第一次卖服装，内心有些胆怯，不敢主动上前跟客户打招呼，担心自己做得不好被拒绝，又担心自己一瘸一拐地走到顾客面前影响服装店形象。每次有顾客进来，我都在角落站着，不敢吱声。

有时候，店里顾客多了，我心里想着上去为顾客提供服务，甚至内心想好了该怎么说、怎么做，但身体里的另一个我却止住了脚步。就这样，在服装店工作的第一天过去了。临下班之前，老板叫我过去谈话，希望我作为一名销售员应当放得开，善于表达，不能太过拘谨。

晚上回到家里，我反思了很久：为什么自己和同学在一起就能畅所欲言，无话不谈，为什么在顾客面前就退缩了，开不了口呢？之前那个在同学面前侃侃而谈的人哪里去了？之前对工作有强烈欲望的那个人哪里去了？我告诉自己，不管面对熟悉的还是陌生的顾客，都要努力先将自己推销出去，表现出极大的热情，才能更好地推销服装给顾客，才能在服装店好好干下去。

第二天出门前，我还给自己打气，希望今天有好的表现。我还是提前到了店里，非常勤快地把店里打扫了一遍，把衣服排列得整整齐齐。但当顾客进来时，虽然我也展露出一个销售员应有的职业笑容，但总是顾客问什么我回答什么，没有主动灵活使用老板教我的话术，给顾客一种笨嘴拙舌、丝毫不热情的感觉。但我感觉相较于第一天已经进步了很多。

第三天，我准时到店，没想到，老板来得比我还早，直接找我谈话。我知道，今天的谈话可能大事不妙。果不其然，老板开口说道："丽文，我知道你已经很努力了。但你也知道，我们这是新开的店，需要通过热情的服务给顾客留个好印象，才能留住顾客，顾客才会经常来惠顾。你的性格太过内向，不太适合做销售。希望你以后能找到更加适合自己的工作。"随即，老板便将我这两天的工资递给了我。就这样，我的第二份工作也以失败告终。

因为不善表达，我丢了人生中的第二份工作。为此，我十分懊恼。回想起来，自己并不笨，并不是不知道该怎样和人交流，只是不善表达。深究起来，还是输在了自卑上。

失败并不可怕，可怕的是并不知道自己失败在哪里。在找到"病因"之后，我便尝试敞开心扉，接纳形形色色的人，与他们沟通和交流，在最短的时间作出最快的改变。

其实，我们之所以自卑，是因为我们终其一生都没能驱除内心的阴影，没能让自己从内心深处变得"无畏"，变得强大。

很多人都有不完美的一面，身体残缺的不完美只是外在表现，内心的自卑感才会让一个人由内向外地给人一种不完美的印象。这需要我们主动从自卑的世界里走出来。

要知道，任何时候，外表的光鲜只是外在的一种美，而真正的美在于无论别人如何看待你，只要我们拥有善良、强大的灵魂，任何人、任何事、任何时候都不会让我们感到羞愧。不要因为自己的外表没有像别人一样完美就将自己陷入自卑中无法自拔。当一个人内心向阳时，眼中就会有光，就可以不惧一切，活出自信、阳光的自我。

【思考与感悟】

1. 你的工作生涯中有没有让自己懊恼的事情？

2. 你有没有找过原因？

3. 你是否作出了自我改善和提升？

一段美好的工作回忆

> 自信是一种强大的力量,可以激发人的潜能,成为人生成长路上的强劲助力。

你的工作生涯中有没有一段或几段美好的经历?很多人会认为工作是一件繁忙、累人的事情,何谈美好?其实,美好与不美好全看自己的心态。的确,工作就是要让自己的大脑和身体全部运转起来,但工作也是一件既忙碌又给人以充实感、荣誉感的事情。

做自己喜欢的工作,即便忙碌也不会感到辛苦,反而会感到十分开心和美好,甚至觉得是一种幸福。

在我的工作生涯中,曾经有这样一段美好的工作回忆:

因为我的原因,没有给娟子表姐的服装店带来收益,我感觉挺愧疚的,从服装店走出来后也没好意思联系娟子。我又开始了四处找工作的生活。

周末的时候,娟子来到我家找我,我都不好意思见她。可是娟子还是像往常一样热情、爽朗。我这才慢慢放下心里的这块石头。

"没事的,咱们都是学生,谁能保证出来找工作就能顺风顺水呢?慢慢试吧,总会有适合自己的工作。"娟子安慰和鼓励的话让我心里好受了很多,也让我重拾斗志。我点了点头:"好。"我们相视而笑。

娟子看我心情好了很多，然后告诉我，我们之前有个一起玩大的同学，初中毕业后就做生意了，卖烟酒。刚有一个销售员离职了，想让我去试试。我想了想，心里没什么底，也不知道自己是否能胜任这份工作。毕竟上一份工作也是做销售，正当我思考的时候，娟子便拉着我，要带我去烟酒店看看情况。

到了烟酒店，娟子一进门便大声喊道："大壮，这就是我说的我那位要好的同学，今天我把她带过来了。"原来，娟子为了我的工作，早已经和大壮打过招呼了。娟子作为我最要好的朋友，默默为我做了很多。十分感谢娟子的鼓励和帮助。

大壮看了看我，便爽快地对我说："放心，干好了不会亏待你的。明天过来上班吧！"大壮皮肤黝黑，一看就是一个爽朗、好相处的人，听到自己明天可以过来上班，我开心地拽着娟子的手摇晃了好几下。

晚上回去，我憧憬着第二天的新工作，我是在开心中入睡的。

第二天一大早，我把自己收拾利落，然后开心地出门去上班。到了店里，第一件事情就是打扫店内卫生，将店里的烟酒摆放整齐划一。收拾完之后，我便主动上前，向我的老板大壮询问有关烟酒方面的知识、价位以及销售技巧等。或许是因为我和老板是同龄人，或许是老板觉得我是个勤快、懂得上进的人，大壮也没有老板架子，偶尔还会跟我开个玩笑什么的。我在这样融洽轻松的氛围里工作，也不会感觉太拘束，反而让自己的内心放松了很多。

当有顾客进来的时候，我在内心默默鼓励自己："勇敢点，你一定行。"然后尽量让自己的步子走得稳当些，并带着热情的微笑迎上去，询问对方需要什么？看着顾客买到了自己想要的东西，开心地走出店铺的时候，我总会再次微笑目送，并附上一句："欢迎下次光临。"

有一次，一位大爷进来买酒，让我帮他推荐，我便向他推荐了一款价位不算高以珍贵药材酿制而成的酒。大爷很认可我的推荐,结完账满意地走了。

过了一段时间,这位大爷又来了,当时老板大壮也在店里。大爷一进门,老板便上前招呼:"张叔,有段时间没见着您了。今儿来点什么?"大爷乐呵呵地说:"这姑娘是你新招来的?比上个销售员靠谱,人勤快、热情,还实在。还要这姑娘上次给我推荐的那款,喝着不错。"老板听到大爷对我的夸赞,微微一笑:"好嘞。"我赶紧拿着酒,开心地递给大爷。后来才知道,这位大爷是店里的老顾客。在得到大爷的赞许和肯定的那一刻,我想我的努力没有白费。事实也证明,我已经克服了怯懦、自卑的心理。

工作第一个月,老板给我发了工资,加上奖金,一共45元。在拿到工资的那一刻,我很激动,也很满足,终于可以通过自己的努力,真正证明自己的能力,也可以养活自己,成为一个自食其力的人,也能给家里稍微减轻点经济负担了。甚至有一种苦尽甘来的幸福感。

接下来的日子里,我更加努力工作,不知疲倦地维护着这份幸福感。但幸福总是短暂的。在我工作两个月后,老板大壮要去其他地方寻求发展,店铺也关门了。很遗憾,这段美好的工作经历就这样结束了。

烟酒店里的工作虽短暂却很美好。也正是这份工作让我突破了自我束缚,建立起了自信,使我能够将自己融入到工作当中。我也通过自己的亲身经历意识到:一个人要做一件事,首先就要有自信。如果你鼓足勇气开始做了,就会发现,做一件事情的最大障碍往往来自于你的内心。当你自信起来的时候,做任何事情都会感觉是顺理成章的事情,一切也都没有那么难。

苏格拉底说:"一个人能否有成就,只看他是否具有自尊和自信。主宰和战胜命运的首要条件就是自信。"的确,一个人建立起了自信,面对任何人、任何事情都能积极乐观对待;自己有了自信,才能达到所期望达到的境界，才能成为所希望成为的那种人。

　　自信的强大力量就在于能够让自卑者变得勇敢，敢于接受面前的挑战。自信往往能够激发人的潜能。不管眼前是怎样的路，只要自信迈出第一步，我们就成功了一半。

　　很庆幸，如今的我从烟酒店迈出的第一步开始，已经锻炼得越来越自信，成了一个非常自信的人。

【思考与感悟】

1. 曾经让你印象最深、感觉最美好的工作是什么？

2. 对于那段美好的工作经历，你有什么样的感受？收获了什么？

因长得漂亮而被开除

> 感恩是人之常情。懂得感恩的人，能够随时随地收获快乐。

你有因长得漂亮而烦恼吗？相信很多人听过"因为长得不好看而烦恼"，因为"长得漂亮而烦恼"是第一次听说。其实，虽然长得漂亮会成为别人关注的焦点，能让自己变得更加自信，是一件让人高兴的事情，但"物极必反"这个道理也不容忽视。

因为长得漂亮也会遇到相应的烦恼。如容易迎来别人嫉妒的眼光和流言蜚语、会让别人认为自己不是凭借自身能力和努力工作，而是靠脸吃饭等，所以长得漂亮的人也并不像人们想象的那样处处受青睐，也会遇到许多烦恼，给他们内心带来非常大的压力。

我在工作过程中也曾因为自己长得漂亮而有过烦恼。

结束烟酒店的工作，我在找工作的过程中依旧屡屡碰壁。想起自己在烟酒店做了一段时间，也有了一定的销售经验，于是上街四处寻找烟酒店，希望能找到一份工作来做。但实际情况并没有我想象的那般美好，都因为自己身体残疾而被拒之门外。后来，我还尝试过很多，餐馆、水果店、理发店、花店等，最终的结果都一样。即便如此，我都没有灰心和放弃。

一天，我走进一家服装店。刚进去的时候，老板以为我是顾客来消费的，满脸笑容地走过来，为我推荐衣服。爱美之心人皆有之，看着眼前漂亮的衣服，我有些心动了。可是再回过神来想想自己囊中羞涩，而且我此行的目的并不是买漂亮的衣服，而是奔着找工作来的。于是，我尴尬地说道："姐，我不是来买衣服的，你们这招聘导购吗？"老板听我这么说，瞬间变了脸："不买衣服进来耽误我工夫，不需要，更不需要你这样的导购。"

就这样，在猝不及防的情况下，我又一次遭受了无情的打击，顿时感觉自己灰头土脸的。我遭受这样的打击并不是第一次，虽然心里有些难受，但也没有放在心上。毕竟，生活还要继续过，工作还要继续找。

从服装店出来后，对面卖摩托车配件的老板看到了我，也看到了刚才发生的一切，就叫我过来。本以为老板有什么事，结果走过来后，我发现这位老板和我的情况相似，他的情况比我还糟糕很多。老板问："姑娘，找工作呢？愿意来我这里上班吗？"

"什么？真的吗？"我甚至以为是自己幻听了。"你没听错，就是我这工作脏了点。"我按捺不住内心的喜悦，感激之情油然而生，并向老板连连道谢。

老板给了我一个工作机会，我也对此非常珍惜。由于摩托车配件种类较多，所以我上岗的第一件事情就是熟悉各式各样的配件。没有顾客的时候，老板就一一教我认识货架上的配件，有的配件有些相似，我就放在一起对比，然后做个笔记，把区别记下来。每次有顾客要各种配件时，我就在脑海里勾勒这个配件的样子，回忆这个配件所在货架的位置，然后紧跟在老板后面，确保自己记忆的精准性。老板看我很努力工作，也体谅我的身体残疾，让我量力而行。能遇到这样的好老板，我感觉自己三生有幸。

很快，在这里工作将近半个月时间，老板便对我进行考核，拿出一堆配件一一问我这个配件叫什么、是做什么用的。我都能对答如流。老板很开心，还表扬了我："记得不错，看来你是花了心思的。考核通过了，你可以留下来了。"

得到老板的认可,也能继续留下来工作,我开心得无以言表。有一次,老板跟我聊起他的情况是因为车祸造成的,起初也想过轻生,可是后来经历了一些特别的事情让他特别想活出个样子来,证明自己。于是就开了这家摩托车配件店。

我想,起初老板愿意让我来工作,一来是因为我们情况相似,看到我的境遇感同身受,二来是他目睹了我求职的艰辛,想要帮我走出困境。老板的帮助让我感受到了人世间的温暖与美好。我也更加努力工作,来回报老板的知遇之恩。

然而好景不长。在店里工作半个多月的时候,一天,店里进来一位女士,我急忙上前询问她需要什么?没想到,她上下打量了我一番,并没有理睬我,而是径直走进了老板办公室。一会儿工夫,只听得这位女士与老板争执了起来。虽然办公室是单独的一间屋子,但隔音效果并不好。从他们争执的内容中我得知这位女士是老板的妻子。争执的原因就是老板娘看我长得秀气、长得好看,不愿意让我留在店里工作。

"难道长得好看也是一种错?"我的内心委屈极了,我甚至想要进去为自己辩解几句,但我又憋了回去。只是选择用沉默来代替所有的情绪。老板愿意给我工作机会,愿意教我,我不愿因为我的存在而让老板这样善良的人不开心。于是,我敲开了老板办公室的门,主动提出了辞职。

对我来说,摩托车配件老板是我的恩人。虽然我满肚子的委屈,但我觉得人可以一无所有,但不能没有感恩的心。现在想来,面对当时的情形,我没有抱怨,也没有为自己辩驳,唯一能表达自己对老板的感恩之情的就是主动离开。很高兴我当时做了正确的选择,我也觉得当时的选择就是最好的选择。

与此同时,我也更加明白,因为长得漂亮就被否定实在是不公。越是这样，我就越要通过自己的努力来证明自己，不靠颜值，同样可以把工作做到最好。

【思考与感悟】

1. 你在工作中有没有遇到让你委屈的事情？

2. 你是如何处理的呢？

努力争来的稳定工作

> 世间没有白走的路，所有付出都会有些许收获。

你有没有为了一件事情而努力拼命过？这个世界上，没有谁能随随便便成功。做一件事情，不同的人会有不同的结果。而你能取得什么样的结果取决于你的努力程度。

可能你拼尽了全力，却没有达到自己想要的结果。但不可否认的是，只要努力方向正确、努力方法得当，那么你拼尽全力，做好自己该做的事，就一定会增大成功的概率。

我曾经为了赢得一份稳定的工作拼命努力过，最终也真正饱尝拼命努力后得来成功的甘甜滋味。

1985年，正值我18岁，旅游酒店开始在全国范围内大肆发展。我所在的桂林市也不例外。作为一个新兴产业，旅游酒店也成了当时的朝阳产业。很多游客远途旅游，会选择在当地的酒店入住。桂林素有"桂林山水甲天下"的美誉，自然吸引了许多游客前来旅游。也正是这个时候，桂林市有很多这样的旅游酒店发展起来。

我看准了这个行业的发展前景，而且刚兴起的时候也一定有很多工作岗位空缺，所以我就到这些酒店去应聘。结果，酒店负责人一看我的情况首先就觉得我的身体条件不合格，毕竟旅游酒店是十分注重外在形象的。我随即转换了岗位目标，退而求其次，想做酒店的卫生服务工作。但负责人依旧没有应允，就因为我有残疾。最后，我只好作罢。

十几家旅游酒店多次面试碰壁后，我有些心灰意冷。

那天，母亲过来看我和弟弟，在聊天时问我近期的工作情况。母亲说她所在的单位现在允许招子弟工，让我去试试。母亲的一句话又让我重新看到了希望。因为外婆与母亲工作单位的工会主席相熟，所以我就想让外婆去找工会主席求个情。

驼着背的外婆带我去找工会主席。工会主席看了看我说："你这样的身体情况能扛得下这个工作吗？我们是要搬货的。"我坚定地说："我不怕，只要您要我，我一定会好好干的。"接着工会主席又强调："不过，要想入职，首先需要进行考核。考核达标了才可以留下来。""我只希望您能给我一个公平的机会，考试不过关您可以不要我，但是如果我过关了，我希望您能给我一份工作。"说着说着我就哭了。工会主席认真听我述说着苦苦寻找工作的艰难遭遇，终于同意了。

事实上，当时距离单位的招考时间不到半个月，对于我来说，时间紧，任务重。在打听了大概考试范围后，我买了相关的专业书籍，有不懂的地方就向母亲请教。

那段时间，我每天大概只睡五个小时，黑眼圈都熬出来了，脸色也熬得蜡黄。家里人都劝我多休息一会儿，可是时间稍纵即逝，我不能因为贪图一时的放松而失去这个求得稳定工作的机会。要知道，参加考核的人很多，而名额却十分有限。这次，我一定要将它牢牢抓住。

终于迎来了考试的日子。在不慌不忙中我答完了所有题目。等待发放考核结果的时间，也是让我最焦心的时候。那几天，我每天都去厂子里等消息。

成绩出来那天，我既兴奋又有一丝担心。兴奋的是，我的成绩不错，在排行榜中排名第二；担心的是，会不会因为人情世故的原因把我从仅有的名额中挤出去。后来，在我收到入职通知的那一刻，以前所经历的一切不好的过往都不算什么了。我终于迎来了工作生涯中的春天，终于有了一份属于自己的稳定工作。我甚至在晚上睡觉的时候做的梦都感觉是甜的，好几次都是在睡梦中把自己乐醒了。

我很珍惜这一份工作，不管多苦，我都会努力干下去。汗水，在那一刻没有苦涩的咸味，而是充满收获的甘甜。在工厂的这些年里，所有的先进奖项都有我。我感觉很自豪，因为通过自己的努力我的岗位晋升了，我的工资收入也提高到工厂里工人工资的前三名。

可惜，好景难常在，韶华逝如箭。正当厂子发展不错的时候，桂林市重视旅游项目的开发，将所有有污染的厂子全部整顿或关闭，我的工厂也在其中。于是，厂子开始没有活干，工资发不出来，我就不得不另谋出路了。

每个人，都应当为了自己的美好人生努力去争一争。约翰·库提斯，一位出生在澳大利亚，天生失去双腿的励志青年，他刚生下来时，医生说他活不过一周。过了一个周后，医生说他活不过一个月。然而，一个月之后，他还坚强地活着……就这样，他总是能够奇迹般地活下来。长大一些后，他周围有不少孩子骂他是"怪物"。10岁的时候又被同班同学绑起来扔进点燃了的垃圾桶，差点送了命，后来被一位女老师发现才得以活下来……同学们的恶作剧，让他的心理承受压力几乎为零，他曾想过自杀，后来被父母劝阻。

母亲告诉他："你是这个世界上最可爱的孩子，是爸妈的荣幸。"父亲鼓励他："人活着就是为了承担责任，即便身体上有残缺，也可以创造一番属于自己的事业。"

在父母的鼓励下，他开始以积极的心态去面对人生，鼓励自己坚强地活下去。自此，他用一句"因为我能行"的口头禅激励着自己，他不坐轮椅，坚持用双手"走路"。为了能够"走"远路，他还学会了滑冰板，坚持参加乒乓球、橄榄球、举重等比赛，并获得澳大利亚残疾人乒乓球冠军、健康举重比赛第二名。他还获得了板球、橄榄球的二级教练证书。约翰·库提斯用自己通过努力换来的成绩回击了所有的嘲笑和侮辱。

一次偶然的演讲，将约翰·库提斯的人生带到了一个全新的阶段。在演讲中，他用自己的经历和现状让台下的观众热泪盈眶，也因此赢得了台下雷鸣般的掌声。自此，他便立志走上公开演讲的生涯，他用粗壮的胳膊支撑着整个身体走遍全世界，用自己洪亮、有力的声音，用自己的亲身经历，开展巡回演讲，激励和影响了全世界。

约翰·库提斯能够在自己双脚全无的情况下，坚强、勇敢地活下去，还能通过自己的努力争得各项比赛第一、第二的好成绩，更重要的是能够用自己的经历去激励那些想要放弃自我的人，给他们正视人生的勇气。任何人，如果不努力争一争，永远不知道自己未来的人生可以变得如此美好。

从厂子里出来，我很不舍。因为在厂子里工作的那段日子，我通过自己的努力让自己辉煌过，更让我深刻感受到这个世界上没有白费的努力，没有白吃的苦，也没有碰巧的成功。虽然努力的过程很痛苦，但走出去的每一步都是在为未来的美好铺路。当你迎来黎明的曙光时，就会发现，每一次勤勤恳恳地付出都是值得的，都会获得应有的回报。

【思考与感悟】

1. 你有哪些拼命努力的经历？

2. 你是否为你的拼命努力而感到自豪？

第五章

亲历中感悟最好的爱情

爱情是一种很奇妙的东西，它可能会在你毫无察觉的时候悄然离你而去，也可能会在你毫无准备的时候突然降临。美好的爱情人人向往，但失去或得到总会在不经意间发生。人生，不经历些什么就难以成长，在爱情的路上同样如此。经历过爱情的人，才更懂得爱的真谛，才会让自己更好地感悟最好的爱情。

阴差阳错收获的爱情

> 一个人最大的富有，就是内心知足。内心知足才会有好事发生。

两个人的情感交织在一起，并不是一场简单的相遇，更像是一种磁场的相互吸引。茫茫人海中，我们每天都会与很多陌生人不期而遇。但唯有在强大的吸引力作用下，才能引导着彼此来到对方面前，更会因为一种莫名的缘分而被对方的魅力所吸引，最终成为相依相伴的人。

我觉得，我的初恋就像是青苹果、柠檬、火龙果混合在一起的酸酸甜甜的味道。我们的相遇、相识、相知、相爱也都是一种缘分。

15岁时，家里就安排过相亲。那个时候，懵懵懂懂，根本不知道什么是恋爱，也不懂如何恋爱。后来每每想起当时的情景，都觉得十分可笑。

18岁那年，我遇到了真正属于自己的爱情。

那天下午，我的闺蜜燕子来找我，说家里人给她介绍了对象，让我陪她去相亲。我这时才反应过来，怪不得燕子今天的打扮跟平时不一样，看上去比平时漂亮了很多。"燕子，你今天好美。""相亲嘛，自然要美美的。"我们两个咯咯地笑了起来。

闺蜜相亲自然是好事，我也很开心，希望她能找到心爱的人，幸福地过一辈子。所以，我便很开心地陪她一起去。在公交车上，我十分好奇燕子的相亲对象。在聊天中，得知对方是个军人，大学文凭，家庭条件也不错。

还没见到人，单从燕子对对方的这些描述我就能感觉到燕子的这个相亲对象挺好的，希望燕子能够相亲成功。

他们约定在市里一家冷饮店见面。到了约定的地方，燕子把我和对方做了简单介绍后，我才注意到对方皮肤黝黑，五官挺拔，虽然没有穿军服，但给人十分干练、阳光的感觉，并且言行举止彬彬有礼。

燕子和对方聊得很开心，能看得出，燕子是喜欢对方的。偶尔燕子提到我时，我就跟着搭上一句话。但更多的时候，我感觉我在旁边似乎有些多余，只在那里自顾自地喝冷饮，以缓解尴尬。在店里坐了一下午，直到傍晚，燕子才结束了这次相亲。在回来的路上，我问燕子感觉怎么样，燕子有些害羞，说自己挺喜欢对方的。我在内心默默祝福着他们。

过了两三天后，燕子打来电话，能感觉到她的情绪很不好。电话里，她哽咽地告诉我，相亲后的第二天，对方给她打电话说相亲的时候看上了我，回去后考虑了很久，才鼓足勇气和燕子坦白，并且向燕子要了我家里的电话和住址。听到燕子诉说的这一切，我当时脑袋蒙了，简直不敢相信自己的耳朵。陪闺蜜相亲，相亲对象居然看上了残疾的我。

"燕子，真的很对不起，我也不知道为什么事情会发展成这样。我只会祝福你们。"燕子也是个通情达理的人，她听到我这么说，反而安慰我："不，是我邀请你一起去的。我这两天也看开了，感情这东西，就是个缘分。"我知道，燕子能打电话告诉我这些需要多大的决心和勇气，成全自己喜欢的人和闺蜜在一起，内心得有多难过。

后来，对方隔三差五给我打电话，和我聊天，都被我直接挂断了。他最后干脆直接找到了我家，买了好多东西来看我，让我做他的女朋友。我告诉他我们不合适，他就站在大门外等。将近半年时间，他一有时间就来找我。后来，我被他的真诚打动了。

那天，天气很冷，他还是一如既往地站在大门外等我的答复。我看他在外面站了很久，就走出去让他赶紧回去。他还是那句话："你不答应，我就一直等。"看着眼前这个执着的人，再看看我自己，我说："你看看我这个样子，我是一个残疾人，以后在一起会给你的生活带来很多不便，会拖累你的，我们不合适。"我实在是不忍心耽误他的青春，原本是想让他断绝念头的，没想到，他语气更加坚定地说："这些我都已经想过了，我就是喜欢你，就是想照顾你一辈子。"

此时的我，欣喜和感动交织在一起，眼泪哗哗地流了下来。他上前轻轻帮我擦掉眼泪，把我拥入怀中。"丽文，以后我来照顾你，保护你。"

此后，我们便谈起了恋爱，我就这样阴差阳错地收获了爱情。我们希望能够时时刻刻和对方待在一起，一直聊天也不会觉得腻。我真正明白了什么才是爱情，也真正感受到了爱情的甜蜜。

在我20岁的时候，我们结婚了，幸福地走在了一起。后来，也共同孕育了我们的爱情结晶。生活过得十分幸福。

回想起那段甜蜜的往事，让我明白了一件事情：一个人，外表残缺并没有什么，只要内心一直积极向上，反而会有意外的收获。因为内心美好、内心知足，自然就会吸引好人、好事靠近你。

【思考与感悟】

1. 你有没有对身边的朋友产生过嫉妒之心？

2. 后来朋友拥有的，你是否也成功拥有了？

从爱人到朋友

> 相遇即是缘分。从爱人到朋友，情感形式变了，但缘分依旧。

你体会过失去爱情的滋味吗？这个世界上，人人都在追求纯美的爱情。两个人能够相互陪伴走过每一个季节，相互扶持走过每一个人生阶段，能够长相厮守共白头，这样的爱情是每个人所希冀的。

但现实往往和理想存在一定的差距。很多人的婚姻并不能像希冀的那般美好。有的时候，相爱却抵不住光阴渺渺，最终在平淡的生活里变得鸡零狗碎。当真正到了要失去或者不得不放下这段爱情时，人们才会发现，失去爱情的自己有多失落、沮丧和悲伤。

我亲身体会过这种失去爱情的滋味，感觉真的很痛。

婚后，我们生了女儿，一家三口过得非常幸福。而且当时我在厂子里发展得也不错，涨了工资，升了职。那个时候可以说是我们最开心的日子。于我而言，更是爱情、事业双丰收。

后来，厂子停业整改，没法干活，工资也发不出来，家里的收入一下子少了很多，光靠丈夫的工资撑着。两个月时间过去了，整改还没结束，我依旧没有工作可做。

"你们厂子什么时候才能上班？这样下去，我们这个家只出不进，是很难维持下去的。"事实上，在厂子整改期间，我也找过一些兼职工作，只是和以前相比，赚得少了点。但丈夫觉得，现在的生活水平和以前相比差很多，不能给女儿带来好的生活，这样会毁了女儿。所以，丈夫跟我提出了离婚。

这对我来说，简直就是晴天霹雳，太突然了，我简直不敢相信这出自那个口口声声说要照顾我、保护我之人的口。然而，这就是事实，它就是发生了，毫无征兆地发生了。

对于我们的婚姻，对于我们的情感，我从来都是想着如何去维护它，如何去保护它。如今，却发生了令我无法想象的事情，我极力想挽回我们的婚姻，甚至想着离开家乡去外地打工。当时正好有从厂子里出来的同事要去广东打工，600元一个月，如果加班的话，一个月能拿到1200元。但丈夫又觉得女儿小，不愿意让我离家那么远出去工作。我很珍惜这个家庭，很爱我的丈夫，很爱我的女儿，丈夫不同意，我也就没去。

工作的问题成了我和丈夫离婚的一个导火索。想想恋爱时的山盟海誓，终究还是敌不过婚姻里的柴米油盐。最终，我们和平分开了。由于我暂时没有工作，没有收入，女儿的抚养权归丈夫所有。

万万没想到，因为工作问题，我失去了家庭，失去了对女儿的陪伴。想想当初我当时渴望爱情，却不敢轻易走近爱情，好不容易说服自己，敞开心扉接受爱，然后一直都在用心经营婚姻，最后却沦为婚姻的失败者。

在爱情中，谁投入的感情多，谁受到的伤害就大。在这场恋爱中，我总是幻想着未来的美好与幸福，但最终的结果却让人始料未及。

分开后，那些寂静的夜里，我终于能够静下心来思考很多问题了。人的一生不过短短几十载，身边的人来去匆匆，也都不过是过客。过于执着，难以放下，其实是对自己的一种折磨。不要在有限的生命里纠结于人生的不快。

当我看开这一切的时候，我决定从内心与前夫和解。虽然我们分开了，但我们从爱人成了朋友。有的时候，我们会一起带女儿出去玩，见证女儿成长路上的每一个美好瞬间；有的时候我们也会互通电话，向对方倾诉心事。其实，这种相处方式也不错，既降低了对女儿的心理伤害，又多了一个更懂自己的朋友。

在爱情的世界里，本身就没有谁对谁错，只要两人能够从相遇相知一路扶持走到白头。在这个过程中，只有两个人能够思想同频、共同进步、互相扶持，才能在爱情的路上越走越远。人们总觉得爱情圆满是人生幸事，却不知道，或圆满、或缺憾，我们生命中遇到的每个人都是缘分的安排，那么又何必为这种缺憾而伤痛不已、难以自拔呢？放下该放下的，心才会释放重负，人生才会向前。

【思考与感悟】

1. 你尝过痛失爱情的滋味吗？

2. 你是如何面对这种经历的？

邂逅温暖与贴心的爱情

> 在爱情世界里，一旦错过了，就很难再遇到。

突如其来的爱情，你有过吗？两个人能够遇见，本身就是一种缘分，但如果这种缘分突然快速升温，如龙卷风一般突如其来，其速度之快往往让人感觉猝不及防。此时，你会清晰地感受到，摆在眼前的爱情似乎不真实，如梦如幻，甚至还没来得及想好该如何去迎接它。

离婚后，我一直专注于自己的事业，但与此同时也收获了一份突如其来的爱情。

离婚前，我去广东的计划没有落实。离婚后，我有更多的时间和精力放在工作上，做任何决定也不像之前那样有太多的顾虑，有了更大的自我决策权。所以，我和厂里的好友一起踏上了去广东的火车。

在广东工作那几年，我学习美容，做美容工作，接触了不少人，认识了不少人，也有不少人成为我人生中共同发展和进步的伙伴。

在广东表姐那里，我学会了很多，也掌握了很多美容手法。后来，父亲和母亲上了年纪，家里的几个孩子都在外地发展，为了照顾父母，我选择回桂林发展，这样方便照顾父母。

从广东回到桂林发展后，有一位在广东认识的好友，他是做培训工作的。他也追随我到了桂林。起初，他找到我，只是表示想和我一起成为工作上的好伙伴。我当时一心扑在事业上，也就没多想。只是想着有人在自己最需要帮助的时候，能够主动帮自己一把，真的是如获甘霖、如得甘饴，对于朋友的帮助，我自然开心不已。

以前，我觉得他是一个幽默风趣的人。在我遇到困难和挫折时，他总是能幽默地开导我，用一些话语来调侃一番，让我能够从不好的遭遇中走出来。

回到桂林，我开了一家美容店。在与他有了更深层次的接触后，我发现他是一个心思非常细腻的人。每次我们上门给顾客做美容服务的时候，他都会事先帮我计划一下，做好路线规划，而且会把事情安排得妥妥当当，几乎没有出过什么纰漏。虽然感觉他有一些死板，但这种体贴让我觉得很贴心，永远都不会对他有厌倦感。

对于他的帮助，我发自内心的感激，我也一直把他当作最好的朋友。

那天，是我的生日。我忙于打拼事业，竟然把自己的生日都忘记了。晚上工作结束以后，他打电话过来说自己发现一个很好的饭店，想要请我一起吃饭。忙碌了一天，的确感觉自己有些饿了，我们就一起去了。

那是一家很不错的饭店，进去刚坐下，就有服务员过来上餐，而且每道菜都是我喜欢吃的。我正要开口问他怎么知道这些菜都是我喜欢的，突然背后响起了生日快乐歌的音乐，我以为是饭店里哪位顾客过生日，好奇地回头看去。没想到，服务员端着蛋糕径直朝我走了过来。他满面笑容地对我说了一句"生日快乐"。顿时，我才想起原来那天是我的生日。从小到大，我都没有过过像样的生日，要么是没人记起，要么是记起了直接跳过。他今天特意为我过生日，我内心的感激之情无以言表，瞬间感动的泪水流了下来。

"丽文，以后你的每个生日我都陪你过，好吗？""以后？都陪我过生日？"我正在想着他这句话的意思，突然，他握着我的手说："你可以做我的女朋友吗?"说着，拿出一个精美的礼盒，打开里边是一条精美的项链。

此时，我才恍然大悟，他之前为我所做的一切，都是因为他对我的喜欢。他的举动也让我明白了，只有他对你有感觉，喜欢你，才会那么在意你的生活，在意你的喜好，在意你的心情好不好，才会知道你需要什么，才会无条件地为你做任何事情。虽然他平时没有说出口，但已经在行为上对我有所表示。只是我忙于工作，疏于洞察。

看着眼前这个男人，回想起他为我做的一切，不仅全心全意帮助我，还总是在我不开心的时候想办法哄我开心。遇到他，我真的很幸运，也让我的人生因此而增加了很多温暖。

能够遇到这样的朋友，真的是我的福气。我本应当好好珍惜，因为对自己这么好的人真是寥寥无几。但我又想起了自己，一个离婚的女人，身体还有残疾，对方却比我小两岁，我觉得我配不上他，我也怕我耽误了他。而且，前面一段失败的婚姻让我承受了太多，也让我对于眼前的这份爱既想好好把握，又不敢去面对；既想去好好爱，又不敢爱。感觉爱与被爱对于我来说太遥远，也很无奈。所以，我拒绝了他。

他明白我的顾虑，他急忙安抚我："只要彼此喜欢，其他所有的事情都不能成为阻碍。我喜欢你，也不是因为你是一个怎样的人，而是因为我喜欢与你在一起时的感觉。"

这样深情的表白让我又有了心动的恋爱感。最后，他说服了我，让我觉得我一定要珍惜这份缘。错过了，可能这辈子就很难遇到这样的人了。于是，我点了点头，我们相拥在一起。我用心感受着来自恋人的温暖，喜极而泣。他也成了我离婚之后的第一个男朋友。

此后，我和他在一起工作、生活，我们愿意分享彼此的忧愁和欢乐，愿意一起哭笑，愿意在一起面对生活中的酸甜苦辣。是他让我知道，每个人的生命中有伴侣的陪伴，那是一件幸福和幸运的事情。

感情中，有两件事情很可怕：一个是错误，一个是错过。如果因为害怕错误就此错过，那么你将终生遗憾。所以，如果你遇到了一个让你心动，让你觉得值得相伴一生的人，就应当好好珍惜，好好把握，不要让对方轻易从你身边错过。

对于爱情，最重要的事情就是能够把握住现在的幸福。错过了日出可以等待来日，错过了美景可以等待下次。错过了爱情，却不一定再有。所以，一定要珍惜身边的人，特别是你爱的和爱你的人。

【思考与感悟】

1. 突如其来的爱情来临时，是一种什么样的体验？

2. 你面对一段爱情，是如何做的？

|与爱人共同成长的日子|

> 好的爱情不是一味被宠,而是共同成长。

你认为什么样的爱情才算是一生中最好的爱情?爱情是两个人的事,需要两个人共同努力去经营。如果一方一直在不断自我提升,而另一方却原地不动,这样的爱情终究不会如期待般美好。

要知道,踮着脚尖的爱情往往会重心不稳,撑不了太久。两个人要想相互吸引,终究其根本还是要使自身始终保持魅力。停滞不前只会让自己成为爱情里的弱者。要知道,差距过大的爱情并不是最好的爱情。

我觉得共同成长的爱情才是最好的爱情。

与男朋友相处的日子是我人生中最幸福的日子。他不但让我感受到了恋人应有的甜蜜,更重要的是,我们能在一起共同进步,共同成长。

在追求事业的过程中,外出给顾客上门做美容是家常便饭。男友没有培训课的时候都会陪我一起去,帮我拎一些美容产品。走路的时候,他总是在旁边紧紧牵着我的手,有时候需要拎的东西比较多,他就会将所有东西拎在一只手上,腾出另一只手来牵我的手。

我们工作起来,经常很晚才回家。回到家后,我准备去做饭,男友坚持让我在沙发上休息,他自己下厨给我做好吃的。看到他疲惫的身影在厨房里来来回回地忙碌,我会流下感动的泪水。每次吃晚饭的时候,我都会仔细品味他做的每道菜，然后赞美他做的饭很好吃。

　　偶尔我们休息的时候，他也会带我去旅游散心。男友把我宠成了公主一样，他满足了我对恋爱的所有向往。

　　男友不愿看我太过劳累，所以他多次向我表示，赚钱养家是男人的事，我只要负责貌美如花就可以了。但我早已把事业当作人生中最重要的事情之一，怎么可以轻易放弃？

>　　两个人过日子，就需要两个人共同扶持、共同付出、共同成就。我认识的一对夫妻就是最好的例子。
>
>　　有一次，我去出差时，偶遇一对夫妻，还被他们热情留宿过。在和他们攀谈时，得知当时两位结婚不到一年就又复婚了。别人都打趣，两人加起来都八十多岁的人了，还跟小孩子过家家似的，想离就离，想和好就和好。但他们并不介意，反而手挽着手对别人笑嘻嘻，就像是新婚不久的小夫妻。
>
>　　在问起为什么离了又和好时，这位丈夫说离婚后自己每天都回味妻子做的一日三餐，永远洗得干干净净还喷香的床单，甚至还想念妻子每天的唠叨，发现离开了妻子的日子真的不是滋味。也正是妻子在家里做好坚实的后盾，才让他能够专心做事业。
>
>　　而妻子也觉得，离开了丈夫，不管什么坏了都得自己动手，还弄出不少笑话，没丈夫在身边，家里冷冷清清，没有过日子的样子。
>
>　　原来，他们离婚分开后，才知道彼此其实谁也离不开谁。
>
>　　婚姻就需要两个人共同经营，要靠两个人来维持，共同担负起责任，这样的日子才能蒸蒸日上。

　　杨澜曾经说过这样一句话："婚姻最坚韧的纽带不是孩子，不是金钱，而是精神上的共同成长。"我认为，真的是这样子的。要想得到某种东西，最好的办法就是先让自己配得上它。相爱的两个人又何尝不是？唯有自身独立和成长，才有足够的底气，与你的爱人并肩同行。

我坚持要工作，因为我觉得工作一方面能让我经济独立，另一方面能让我觉得快乐。最后，我们达成了共识，要做到共同成长。所以，在事业上，我们有共同的目标，我们共同学习，共同进步。如果我们在各自的工作领域遇到问题时，经常会一起探讨，商讨改进方案。后来，我们彼此收获了越来越好的事业，变得更加优秀。

此时，我不禁又想起了"疏影横斜水清浅，暗香浮动月黄昏"的名句，疏影有了清水的映衬，横斜便增添了更多的妩媚之意；暗香有了淡月的亲吻，浮动时才会尽显窈窕之姿。两个人在一起，不仅是生活在一起，更重要的是能为了各自的目标而不断前进，在前进的路上相互扶持，支撑达到共同进步的目的。就好像参天古木需要大地支撑，姹紫嫣红需要绿叶陪衬一样。

爱情中有两种情况：一种是在一起的两个人能够一起进步，一起进取，一起奋斗，一起发酵，一起在时光中并肩前行，成为更好的自己。另一种是在一起的两个人，一个人在不断前进，而另一个人却在原地踏步，仰望对方。

两个人，只有做到共同成长，同频进步，才能并肩前行，共享相守在一起的美好时光。如果有一个人停滞不前，而另一个人在不断向前奔跑，久而久之，两人之间的差距就会越来越大，原本浓烈的爱情也会因此产生隔阂，会变得越来越没话说。

当双方差距越来越大的时候，两人之间原本的爱也会因为一个越来越好一个保持原状而慢慢产生隔阂。这样的爱情和婚姻是岌岌可危的，一旦这种差距越过临界点，婚姻就此幻化成为一片满目狼藉的废墟，最终在消沉中消逝。这样的爱情失去了平衡，显然是糟糕的爱情。

爱情是两个人之间的事情，需要共同经营和维护。如果你真爱一个人，就要和他相互搀扶，一起成长，共同进步。两个人在一起就是一个组合，相互搀扶才能让这段感情走得更加长久。否则，一直让一个人持续付出，时间久了身心就会被累垮，这段感情也就难以为继，最终走到尽头。共同努力换来的幸福，才是真正的幸福。

【思考与感悟】

1. 你心中最好的爱情是什么样子的呢？

2. 你在爱情中扮演着什么样的角色？

3. 你觉得你在爱情中过得幸福吗？

爱情理想的破灭

> 如果在情感中受到伤害，最好的办法就是及时止损，让自己快速从这段情感中抽离出来，否则受到的伤害会更深。

唯美浪漫的爱情谁不向往？正所谓："生命诚可贵，爱情价更高"，自由真心的爱情是这世间最美好的事情。

但真正美好的爱情并不是一件简单的事情，需要用心经营、双向奔赴，才能完成这一伟大而神圣的"事业"。

很遗憾，我和男友最终还是"曲终人散"。并不是我们共同努力得不够，而是男友在感情中出现了问题。

本以为我会爱情事业并蒂花开，但事与愿违。

男友所在的公司为了更好地拓展事业，就派男友去上海做为期半年的技术培训。我和男友不得不分开。我们计划男友先去上海熟悉环境，后期我再把事业迁到上海，开一家属于自己的美容公司，闯出属于我们的一片天。男友离开之前也向我信誓旦旦地说，等在上海站稳脚跟，就给我一个盛大的婚礼。我很期待那一天的到来，也为了那一天的早日到来，我在工作上更加努力，付出比以往更多。

男友在上海做技术培训，共分三个阶段来完成。在我们分开的半年时间里，我们无法见面，每天都通过电话相互问候，分享彼此的喜悦，每天晚上都会互道晚安。所以我十分珍惜和他电话聊天的一分一秒，觉得能获得对方远在他乡的思念和牵挂，我就已经是这个世界上最幸福的女孩儿。

终于等到了男友培训结束的日子。本计划着第二天我就去上海，但是半年时间没见，为了给男友一个惊喜，我偷偷定了前一天的火车票。

我兴致勃勃地到了上海，一路上想象着我和男友见面时高兴的样子。下了火车，已经是夜里了。我给男友打了好几次电话，一次都没接通。我慌了，凭我的直觉，有一种不好的预感。在上海这个陌生的地方，联系不上男友，我就只能靠自己了。

我好不容易才找到了男友的住址，却发现上天又一次跟我开了一个大大的玩笑，原来男友没有认真对待我们的感情，他有了新的女朋友。

本已经对拥有的爱情充满了美好的憧憬，此时，我的爱情却一落千丈，跌落低谷。这对于我来讲是一个不小的打击。之前的婚姻很不幸，是他又让我燃起了早日安家，早一点有个归宿的念头。但如今却又破灭了。

上天又给了我一次情感上的艰难选择。他是除了女儿的父亲让我再次有谈婚论嫁想法的人。为什么我想获得幸福就这么难？当初那个口口声声说一辈子都要对我好，愿意把我宠成公主，愿意带给我这个世界上只属于我的欢乐的人哪里去了？

失恋对于我来说影响是极大的。每天，我精神萎靡不振，大脑恍恍惚惚，甚至怀疑自己的眼光怎么这么差，为什么总是看不清人？我用真心对待对方，为什么总是换来这样的结果？

这次让我心痛的分手使我明白：所有的离开都是缘分的安排，无法提前也无法挽留，都会在一个特定的时刻给爱情画上一个句号。爱情就是随缘，注定陪伴自己一生的人永远都逃不掉，注定是你人生中的过客，无论如何挽留，终将随风逝去，留下的唯有一片记忆。

理想的爱情让我为之着迷，但现实却给了我一记耳光，让理想的爱情彻底破灭，让我彻底清醒。与其让自己活在悔恨、痛苦和不甘当中，不如果断放手。分手的确会让人心如刀绞，会有一段伤心期，但过后时间会抚平一切，让一切都好起来。所以，分手成了我最后的选择，我主动向眼前这个男人提出了和平分手，此后不相往来，互不相欠。男友表明自己做错了事，想要求得我的原谅，和我重新开始，但被我无情拒绝了。

在我向男友提出分手的那一刻，我的内心翻江倒海，就像一把利剑刺在了心上。感觉自此以后我都不会再得到爱情了。此后的一段时间里，我终日郁郁寡欢，总是想起我们在一起点点滴滴的美好，但一想到我们已经分手了，就感觉全世界都灰蒙蒙的。都说爱得越深，就会伤得越痛，我也真正体会到了其中的痛。

后来，很长一段时间后，我才从这段感情中走出来。因为经过这场肝肠寸断的感情，我想了很多，思考了很久。我想通了，人生如此短暂，何必为了这不值得的爱而伤心难过，蹉跎了自己的岁月。

追求美好的爱情、追求理想的爱情本无错，但每个来到你身边又从你身边离开的人都是过客。心碎在所难免，每次伤痛都是上天给予我们最好的修炼，也让我们懂得了如何在情感中自我防卫，不会再次受到伤害。很庆幸，我从这段糟糕的爱情中快速抽离了出来。不再受到二次伤害，对于我来说这就是一件幸运的事情。

虽然我在这段感情中受到了伤害，但我依然相信爱情是美好的。只要勤于追求美好，只要在恋爱中擦亮自己的眼睛，学会时刻审视自己的爱情，在这茫茫人海中终究能够找到一个真正懂我、爱我的人，终究能够获得属于自己的幸福，在纷繁杂乱的情感中，也总会有一份最美最甜蜜的爱情在等待着我。这样，我之前一直处于暗淡境地的爱情世界终将有一天会冲出黑暗，走向光明。

【思考与感悟】

1. 假如情感出了问题,你会如何应对这让人心痛的糟糕局面呢?

2. 面对对方的背叛,你会如何为自己疗伤呢?

第六章

觉醒从重塑自我开始

人的一生中，不可能尽是平坦如意。正所谓："人生不如意之事十有八九"。只有经历了失败、挫折、磨难之后才会觉醒，才会重新获得生的希望。我在经历了情感挫折之后便将全部精力放在事业上，重塑自我，成就更好的自己。

与美业的第一次接触

> 世界上最好的投资就是投资自己。将最宝贵的时间和金钱投资到自己身上，才能让自己持续增值，永不掉价。

我们想要拥有好的人生，首先就需要做好规划，找到好的投资方向。

其实，一个人前半生的投资都藏在自己后半生的状态当中。你所投资的都将换来应有的回报。

1. 投资形象

你的相貌里藏着自律，精神里藏着心态，穿着中藏着对生活的态度，你会获得娇美的容颜。这是你对抗衰老的最好武器。

2. 投资健康

一个人上半生投资在健康上的精力越多，人生下半场的幸福指数就会越高。

3. 投资知识

富兰克林说过："倾囊求知，无人能夺。投资知识，得益最多。"这个世界在不断变化中更替，人生也是不进则退。如果我们能够每天拿出一定的时间不间断学习和提升自己，那么我们就能做到与时俱进，永远走在时代发展的前列。

4. 投资关系

人与人之间都有一个情感账户，这里的情感包括亲情、友情和爱情。你每多付出一点，账户里的余额就会多一点。每次付出的时候，你都需要让对方看到、感受到。在守恒定律的作用下，你所付出的真心都将获得回报。

其实，无论是投资形象、投资健康，还是投资知识、投资关系，究其根本都是在投资自己。

我在经历第一次失败的情感后，一个偶然的机会与美业结缘，让我突然发现这个世界上最好的投资是自我投资。

离婚后，我的心情很糟糕，当时觉得天都要塌下来了，一下就瘦到了70多斤，一米六的个子瘦到70多斤，仿佛一股风就能把我吹倒。

这段时间，幸好有一起工作的好友陪在我身边，我们一起去了广东。一来为了离开这个伤心地，二来寻找新工作，开始全新的人生。

生活中有一个定理：你越是在意什么，就越容易为其所伤。所以，我已经开始学会了放下。当自己对这段失败的感情不在意的时候，其实这个东西对你来说也就不那么重要了。

到了广东，为了让我散心，忘记之前不好的过往。好友带我去她表姐开的美容院做美容。她说："女人就是要对自己好，要懂得保养自己。投资谁都不如投资自己。"好友一席话，我仿佛顿悟了。的确，这个世界上只有懒女人，没有丑女人。只有好好保养，活得精致，才能让自己青春常在，魅力永存。

这是我生平第一次体验美容，我有些好奇，也有些兴奋。进入美容店就有服务员热情地迎了过来，问我们有没有预约，想要做什么项目。我四下打量了一番，店内整体环境很好，干净整洁，在装修设计上颇具氛围感，在布置上颇具特色，给人一种视觉上的舒适，进而让我的心情变得愉悦起来。看着从里边走出来的顾客，她们的皮肤都很好，走路都带着自信，于是我开始对这个行业产生了浓厚的兴趣。

进入美容操作间，躺上美容床的那一刻，我觉得这就是我想要的职业。一方面不用出去奔波，另一方面可以让更多女同胞变美、变自信，利人利己。

第一次做美容，我对一切都不了解。好友推荐我做日常脸部护理，她告诉我，这个项目可以让自己的脸部变得更加细嫩、紧致。当美容师在我脸上涂上各种香香的、凉凉的护肤品时，舒适感从外到内散发开来。美容师轻柔的手指节奏有致地飞舞起来时，让我想起了在波面上掠过的海鸥。这种体验真的很神奇。

正当我浮想联翩时，美容师便开始帮我按摩穴位，点、压、推、拉。此刻，美容师的精细工作让我体验到了上帝般的感觉，这还是我人生中第一次被人如此呵护，甚至让我觉得受宠若惊。

在整套美容护理结束之后，看着镜子中的我，感觉经过美容师的一番操作，我之前偏黄的肤质的确得到了改善，变得红润了不少。好友都说我做完美容之后整个人容光焕发。

在与美业的第一次接触后，良好的美容体验让我获得了一份好心情，让我变得自信起来，同时也让我喜欢上了这个行业，更让我懂得了什么是自我投资。

人的心情往往受到外界因素的影响而起伏不定，但我们完全可以通过有意识的动作、做有意思的事情来改变自己的心情。我们一定要明白一个事实：投资自己才是人生中最重要的投资。

你每天坚持跑步，身体就会变得更加轻盈，人也会变得更加健美，心情也会变得更加积极向上。你每天坚持学习，头脑中的知识就会充盈起来，学识满满，话语间都会透露出自信。无论以什么样的方式来投资自己，其实都是在为了让自己不断增值。当自己因为自我投资而增值，变得越来越好时，你就会发现一切烦恼和不开心都会远离自己。

投资自己是一个人的明智之举。当我们持续进行自我投资的时候，就会不断绽放，成为最好的自己。

【思考与感悟】

1. 你会为自己投资吗？

2. 你曾经做过哪些自我投资？

3. 你通过自我投资收获了什么？

立志要活得漂亮

> 为了梦想步履不停，才能活得精彩，活得漂亮。

你有没有为了让自己活得精彩、活得漂亮而努力过？这个世界上的人千千万，但每个人都有不同的活法。有的人活出了精彩，活出了漂亮，有的人则平平庸庸度过一生。

世上漂亮的人有很多，但真正活得漂亮的人并不多。有的人虽然很普通，所处的现状也不算好，却有足够的勇气和自信，听从内心的声音，通过自己的努力赢得了好的爱情、好的事业、好的人生。这样的人活出了自己想要的模样，造就了精彩的人生。

所以，无论我们所向往的东西有多么美好，都不是唾手可得的，而是需要不懈追求、付出努力才能换来的。

即便这个过程可能会让我们尝遍人生的酸甜苦辣，但只要努力过，就不会让人生留下遗憾。

第一次做美容就给我留下了深刻的印象。但也正是因为这次的体验，让我对美业开始情有独钟，也立志未来要在这个领域做出一番事业，要活出自己的精彩人生。

因为美容不但能给像我一样的女士带来更多美的体验，带来气质上的提升，还能给她们带来心灵上的自信。对于我自己来说，一方面，那个时候美业开始兴起，市场有很大的需求，有需求就能带来财富；另一方面，能够给别人带来快乐，对于我来说也是一件极其快乐的事情。所以，那天我就暗下决心，一定要去学美容，立志要让自己活得漂亮。

人往高处走，水往低处流。那天体验美容之后，我就多方打听，想找一个好的美容培训机构去学习。

于是，我怀着对未来美好的憧憬，进军美容这个全新的行业。当我来到美容培训机构的时候，就暗自告诉自己：新的环境就意味着人生中新的开始，一定要拼尽全力学好美容，从而拥有不一样的人生。于是，我从基础开始学起，在短短两个月时间里，我每天都比别人多花几个小时的时间去学习面部护理手法，晚上回到宿舍也会琢磨和反复练习当天学过的内容，直到融会贯通为止。我相信，只要勤奋地去练习，迟早能够学有所成。

一个勤于努力的人，自然离成功不会太远。在勤于练习的那段时间里，我越练习越有动力，即便后来大拇指僵硬得都抬不起来了依然没有放弃，因为我觉得能提升自己的美容手法和能力，即便如此也是非常值得的。

为了更好地锻炼自己，课后，学员之间就相互作为练手的对象，这样我们不但能提升自己的手法，还让我们的皮肤变得越来越好，对大家都有好处，所以大家也都十分乐意这样练手。

在为期两个月的学习后有一次考核，要考查学员的学习成果。最后，我以优异的成绩从芭宝美容培训机构顺利毕业。

从进入美容行业开始，我的人生便一路绿灯，在培训学习的路上也走得顺风顺水。经历了人生的起伏跌宕，我意识到也许这个世界并不是很美好，生活也总是有诸多不如意的地方，或许我们常常会被命运捉弄，会被弄得灰头土脸、鼻青脸肿。

这个时候，我们如果把自己所有的精力都用于纠缠过去，那么我们自然不能集中精力迈向远方。过去的遭遇一旦成了绳索，就要果断斩断。此时，我们可以让自己脆弱一下，允许自己哭一下，哭过之后就要微笑对之，往前看，向前走，这样我们未来的一切才有可能变得好起来。

> 我想起之前看到过的一则小故事：
>
> 有一个农夫养了一头驴，一天早上，这头驴子悠闲自在地在安静的村子里溜达，抬头享受惬意的美好时光，结果一不小心掉进了一口枯井里，驴子在惊慌和痛苦中开始不停地哀号。顺着驴子的哀号声，农夫在村里弃用多年的枯井中找到了它。农夫想了各种救出驴子的办法，但最终没能成功。折腾了几个小时之后，驴子的哀号声越来越痛苦难忍。
>
> 最后，农夫决定放弃营救驴子，他想这头驴子的年纪也大了，想必在井里也痛苦难耐。与其让它长时间在痛苦中死去，不如让它痛快地死去。更何况，为了安全起见，这口井终归是要填起来了，否则以后说不定还会有人或牲畜不小心掉进去的。于是，农夫请来了左邻右舍，大家一起帮忙将这口井填满。
>
> 看到上面不断有土填进井里，驴子开始意识到自己的处境比刚才还危险，于是哀号声比之前更凄惨。让人出乎意料的是，一会儿之后，这头驴子竟然安静了下来。人们好奇地探头往井底观望，竟然被眼前的情景震住了。当驴子得知不但没有人会前来对自己施救，还会将自己埋于井中时，命悬一线的驴子并没有认输、静待死亡来临，而是聪明得像人一样，在外力的帮助下进行自救：当铲入枯井中的泥土落在驴子背上时，它便做出了惊人的反应——将落在自己背上的泥土全部抖落下来，然后站到铲进来的泥土堆上面。

> 就这样经过铲土、抖土、踩土步骤的不断重复，很快，这只驴子便从井底上升到了井口，正当大家还为驴子的行为感到惊讶不已时，驴子快速从井中跳出，然后快速逃离了这个危险的枯井。

驴子在危险境地也没有放弃求生欲望，它奋力向前，最终在绝境中求得生机。人生不会一直都顺风顺水，总会有失利、不如意的时候，关键就是我们要学会如何在困境、绝境中反击。正如巴尔扎克说过的一句话："绝境是天才的晋身之阶；信徒的洗礼之水；能人的无价之宝；弱者的无底之渊。"与其在逆境中等死，我们何不努力向前，为自己能够更好地活下去而搏一搏呢？

【思考与感悟】

1. 你是否满足于当前的人生现状？

2. 你是否尝试对自己的人生作出改变，让自己活得更漂亮？

心由脆弱走向坚强

> 人生很短，即使遭受情感打击也应当学会微笑，坚强地走下去。

在遭受情感打击后，你会选择消沉还是坚强？这个世界上有两种人：一种是受到打击之后变得越来越脆弱；另一种是受到打击之后变得越来越坚强。其实，无论脆弱还是坚强，都是我们给自己的一种心理暗示。

积极的心理暗示能让人变得坚强和强大，消极的心理暗示可以让人变得脆弱和消沉。既然心理暗示能给我们的命运带来截然不同的走向，我们何不用积极心理暗示去打败内心的脆弱，让自己变得坚强。

我就尝试过这种方法，结果我发现果然行之有效。

虽然选择和第二段糟糕的感情告别，但我总是控制不住自己回想起那段美好的过往。心理学家陈海贤说过："失恋之所以会让人感到痛苦，是因为我们失去的不仅仅是一个恋人，还有那个在爱情里美好的自己。"

情感上遇人不淑遭遇的失败让我的心灵变得十分脆弱。起初，在我内心深处是很难接受感情上的失败的，因为痛苦的情感经历对我来说是一种巨大的打击，让我有一种挫败感。

但向来报喜不报忧的我，无论多么难过，都把所有揪心的痛藏在自己心里。我没有把这些告诉家里人，不想让家人为我操心，不想给他们平添烦恼。所有的伤痛我都选择了自己扛。

于是，我想方设法来忘记这段感情，让自己从脆弱中走出来，变得坚强。在这里，我分享一些我从失败感情中走出来的方法。

1. 正确认识情感创伤

一个人遭受情感失败，首先带来的是精神上的打击。当事人往往会因此而怀疑自己的人生，有的甚至会失去理智，作出不平常的举动，进而引发内心深处的创伤，使自己变得恐慌。我们最可怕的敌人，其实并不是伤痛本身，而是我们在受到情感创伤时的混乱、恐慌和愤怒。最后在各种情绪的轮番折磨后，内心变得脆弱不堪，最终整个人的情绪被击垮。这种情况的背后，其根源是对情感创伤没有正确的认知。

遭受情感打击固然心会很痛，但痛定思痛后，我对情感创伤有了正确的认知。我发现，其实这些经历都是我们人生中宝贵的财富。这些糟糕的经历都在培养我们处理问题干脆利落的能力，都会增加我们的人生阅历，让我们能够擦亮眼睛，迎接未来更加美好的爱情。

2. 进行积极心理暗示

受了情伤后，我感觉自己被这段感情伤透了。内心也变得十分脆弱，只要听到别人谈论有关情感方面的事情，就会想起自己那段糟糕的经历，一阵阵心痛便随即而来，甚至到后来听到别人谈论这方面的事情我就会躲得远远的，避之不及。

后来，在阅读了一本心理学书籍之后，我尝试使用积极心理暗示的方法来改变自己。每天一醒来，我就会反复告诉自己，给自己打气，增加一分勇气。"你的内心其实也没有那么脆弱，坚强起来，你一定可以。"虽然这样看上去很幼稚，但的确奏效。慢慢地，对于情感类话题我也没有那么抗拒，甚至后来还能参与话题讨论。

重复进行心理暗示之所以成功，是因为刚醒来时人处于一种半睡半醒的状态。此时，我们的潜意识是最兴奋的，如果趁着这个时候将事先规划好的说给它听，它就会非常乐意接受。在收到积极心理暗示之后潜意识就会在我们清醒之后，按照暗示的吩咐去行事。

这样重复进行自我暗示能够强化我们的潜意识，使我们的潜意识工作更加精准，能够帮助我们克服一切困难，向着既定的目标前行。潜意识可以主导我们的一生，学会积极心理暗示我们将会受益终身。

> 著名心理学家罗森塔尔做过一个关于正向心理暗示的实验。一次，罗森塔尔来到一所非常普通的中学，随机走进一个班里，随机在学生名单上圈了几个名字，然后告诉他们的老师说，这几个学生的智商很高，很聪明。
>
> 过了一段时间之后，罗森塔尔再一次来到了这所中学，惊奇地发现，当时被他随机圈住的几个学生，真的成了班上的佼佼者。罗森塔尔这时才对他们的老师说，自己对这几个学生一点都不了解。只是想做一个正向心理暗示的实验。老师得知实情后，感到十分意外，因为其中有几个学生，他们之前在班上的成绩处于差等水平。其实，正是由于老师和学生接受了积极、正向的自我心理暗示，才出现了这样的结果。

3. 不联系

在经历一段失败的感情之后，要彻底放下，最好的办法就是不再联系、不再纠缠。既然缘分已尽，又何必相互联系，徒增烦恼和伤心？不如删除对方的所有联系方式，断得彻底，断得干净。只有不联系，留在自己心里的伤痛才会被慢慢治愈。

于是，为了不再让自己陷入上一段失败的感情当中，我狠心删除了记录在本子上的所有关于他的联系方式，不再与他有任何联系，他过得好与坏都与自己无关，更不在乎他和谁在一起。久而久之，时间让我放下，让我慢慢淡忘了这段感情。

4. 主动走进人群当中

很多时候，想要真正放下一段感情说起来容易做起来难。吃饭的时候、逛街的时候、过马路的时候，我都会想起对方。

能够放下一个人的关键，并不是去强迫自己忘掉对方，而是学着不去想对方。强迫自己忘记一个人很难，反复强迫自己忘记一个人反而会使印象更加深刻。因此，越想忘记却越难以忘记。不是所有的人或事情都能如愿以偿地以最快的速度去忘记。

但当一个人尝试着积极投入社会中、走进人群中时，会很好地转移我们的注意力。我们的注意力会集中在某件或某些事情上，比如工作、社会新闻、新鲜事物等，自然而然地就会渐渐淡忘掉痛苦的经历。

专注于一件事情的时候，也是我们无暇想其他事情的时候。真正能忘记一个人、一件事的最好方法就是"主动走进人群中"，分散关注点，让自己忙起来，才会心无旁骛，才有可能会迎来自己的新生。

所以，在伤心难过之后，我便出去走走看看。毕竟自己刚来上海，这里没有我和他一起生活的记忆。在四处散心之际，我发现我渐渐喜欢上了上海这个地方，特别喜欢徐家汇国际都市的感觉。大街上人流量很大，来自全世界、各种肤色的人都有。大家都非常友好，让我仿佛走进了另外一个国度。这里与我之前生活的世界完全不一样。

在熟悉这个全新城市的过程中，我也对这里的商业环境进行了大概的考察。也正是这段逼迫自己忙碌起来的日子，让我喜欢上了上海这个大都市，也为我日后去上海创业埋下了伏笔。

情感失败并不可怕，可怕的是你将自己置身于这段失败的情感中无法自拔。想要摆脱痛苦，让自己不再脆弱，就一定要学会让自己放下过去，让自己变得坚强。你若不坚强，没人替你坚强。

【思考与感悟】

1. 你有没有失败的情感经历？

2. 面对失败的情感，你会一蹶不振吗？

3. 你有没有尝试走出这段情感阴霾？

第七章

创业酸甜苦辣初体验

几乎每个创业者都要一一经历创业的酸甜苦辣。即便如此,唯有不断坚持和不懈努力,才能收获好的创业结果。这个世界不会辜负每一个努力的人。你足够努力才会足够幸运。

生平第一次创业

> 有想法就要抓紧时间行动,你会发现,原来自己也可以如此优秀,在属于自己的领域里绽放光彩。

你有过创业经历吗?对于创业而言,相信不同的人会有不同的创业理由和目的。有的人是为了摆脱现状,实现财富自由;有的人是想通过创业使自己的身份实现一个大转变;有的人创业,纯粹就是因为兴趣和热爱;有的人就是想借助创业来挑战自己、证明自身的价值……

然而这些对于我来说都是我积极投身于创业大军的理由。

我经历了情感失败后,内心也不再脆弱不堪。有过心痛,但痛过之后也学会了坚强,学会了放下。也是这个时候,我的人生发生了转折。

我当时就告诫自己:人生的路还很长,未来还有很多美好的风景等待自己去欣赏,还有很多事情等待自己去做、去经历,不要让自己蜷缩在一小块阴影里。

事实上,在去美容培训机构学习之前,我便萌生了一个自己创业的念头。开美容店成为我全新的人生目标。但转眼又一想:"之前虽然在打工的时候积累了很多经验,如果自己真刀真枪地自己上阵、自己干,一来没有充足的创业资金,二来没有创业经验,能行吗?"可是,如果不去尝试创业,就只能打工一辈子,就不可能实现财富自由。不去试试,怎么能知道行不行呢？最后，我还是决定抓紧时间一试。

当然，在美容培训机构学习的那段时间是我感觉最充实、最有成就感的时候，也是那段时间，我对美容行业有了一个更加全面和深入的了解。我全身心投入到美容行业当中，把每一次课程的学习都看作是未来创业路上的基石。在美容培训机构顺利毕业之后，老师们对我十分认可，希望我能留下来，加入他们。

虽然这段时间里我对培训机构也有了感情，有很多不舍，但我最终还是决定为了自己的梦想凭借自己的实力和努力去拼一把。

当时，全国商业发展十分迅速，处处都是商业机会，我把受伤的心隐藏起来，在调整好心情之后，便决定回桂林发展。我十分感谢美容培训机构的老师们对我的培养和悉心教导，所以临行前我找到那几位培训老师表示感谢。

没想到，老师们听说我要离开广州，回桂林发展，起初表示不愿意让我离开。因为我在学习期间表现出了很强的学习能力。这样一员"大将"如果不能"收编"，他们觉得是培训机构的损失。后来经过老师们的反映，培训机构的老板许诺给我高薪水，希望我能留下。但我决心已定，老板表示如果创业不如意可以随时回来，培训机构随时欢迎我。

说实话，我也很怀念在美容培训机构学习的那段美好时光，老师们教会了我很多。但是，每个人都有自己的追求和目标，而要实现这些目标就必须有所舍弃。

说干就干。新的开始，新的人生，仿佛就在我眼前。1992年，我第一次创业，没有经验，也没有模式，一路都是摸着石头过河，所以从开始选址到装修、购买各项设备和产品、印刷宣传小册子、跑工商、跑税务……我都亲自去做，一项项工作有序地进行着。虽然也走了不少弯路，但想到能通过自己的努力换来属于自己的事业和美好人生，我就觉得这些苦和累算不了什么。

实际上，我的积蓄并不够创业的启动资金。在创业的过程中，我得到了身边很多朋友的支持。大家都尽力给我凑钱，我也都一笔一笔地记录下来。这些并不是一些简单的数字，代表的是大家对我的支持和帮助。有这么多人的支持和帮助，我真的觉得好幸福。

在开业前一天，已经忙到很晚了，生怕有的地方没有注意到，做得不完美，所以，我又全部检查了一遍，终于收拾完了，我坐在台阶上休息，看着店铺一天比一天有了该有的样子，累是累，但我内心欣慰极了。

第二天，我的店铺准时开业了。站在店铺外，我看着整个店铺，憧憬着未来每一天店铺发展蒸蒸日上的样子。第一次创业，我非常上心。每天早上，我七点半就来到店里，打扫卫生，做好各种为顾客服务的准备工作，然后在八点的时候准时开店。晚上12点依然舍不得关门。因为美容院隔壁是一个夜市，那里每天晚上熙熙攘攘，人特别多，我总是期待着有人能够进来，让我做成几单生意。

上天真的十分眷顾我，让我成了幸运儿。很多人第一次创业都充满了坎坷，走得十分艰辛。让我没想到的是，第一次创业就让我尝到了成功的甜头，感受到了赚钱的快乐。可能是因为临着夜市的原因，每天都有很多顾客进来做美容。所有的一切都像我想象中的那样美好。

很幸运，我第一个月赚了1200元。要知道，母亲在有30年工龄的时候每月工资才120元。而我初次创业就赚了这么多，感觉成就感满满。我觉得日子过得很踏实，晚上睡觉也特别香，虽然很辛苦，但感觉一切都是值得的。

> 香港首富李嘉诚，在17岁的时候便当起了推销员。但尽管已经步入社会参加了工作，他却从未放弃过学习，白天忙于工作，晚上则去夜校上课，一有空就看书。

> 由于勤奋努力，20 岁的时候，李嘉诚就升职为玩具厂的总经理。他看过一则报纸上的报道，说外国当时正在流行塑料花，李嘉诚觉得香港也可以流行塑料花，认为这是一个巨大的商机，于是他便成为了第一个吃螃蟹的人，成功做出了塑料花，风靡全球。
>
> 22 岁的年纪，在很多人眼中正是上学的最好时光，李嘉诚用 7000 元创建了自己的塑料厂。8 年后，李嘉诚成功购入了一块地皮，从此正式进军地产行业，而他的人生也像"开挂"了一样，变成了香港首富。
>
> 李嘉诚无疑是成功的创业者，他的成功，在于看准商机、瞅准时机，拿出全力去实现心中的目标。

如今回想起来，要不是当初勇敢迈出创业这一步，我也就不会有如今的成绩。所以说，如果你有一件特别想做的事情，就不要犹豫不决、徘徊不前。很多时候，犹豫、徘徊是因为害怕努力过后会有不好的结果。我们总是在等待一个最合适的时机去做想做的事，然后又在犹豫和徘徊中虚度时光。可是，谁又能知道什么时候才是最合适的时机？与其犹豫、徘徊，不如凡事趁早。

【思考与感悟】

1. 你在做一件事情的时候会犹豫和徘徊吗？

2. 如果是，你会怎么办？

开鞋店苦并快乐着

> 你想过上什么样的生活，与你的努力程度有关。越努力，才会越幸运。

你觉得你的人生足够幸运吗？一个人幸运与否并不是靠主观臆断，而是由"你是否足够努力"说了算。这个世界不会辜负每一分努力和坚持。只有你足够努力，才能有能力接得住上天的垂怜，才能成为那个最幸运的人。

人生，足够努力才能足够幸运。这一点，我很有发言权。

在开美容院的这段时间里，我凭自己的努力，迎来了人生的转折点，业务越来越多，盈利越来越多。我的生活也过得越来越好。当家人赞扬我的时候，当朋友表示羡慕我的时候，我总会说是自己运气好。

其实，好运气，一方面需要通过自身努力来换得，另一方面需要背后贵人的支持和帮助才能实现。很幸运，我做到了努力，也收获了大家的帮助。

一个人漂泊久了，就想有个家，有个归宿。前些年，我一直都在外打工漂泊。如今我已经实现财富自由，对于家的渴望就越发强烈。于是，我就买了属于自己的房子。因为，我觉得虽然有房子住并不能算有家，但想要有个温暖的家，首先就要有一个栖身之所。至少每天工作累了，可以抛掉所有的不快和疲惫，安心地睡一觉。这样总好过四处租房子，居无定所。再后来，为了工作方便，我还有了自己的车。我的日子过得比之前好很多，终于苦尽甘来。

事业青云直上，我不但有了一笔积蓄，而且视野也放得越来越长远。

由于平时太忙，需要走路和站立的时间很长，走多了、站久了，我的腿很吃力。我需要买一双更加舒适的鞋子。但我发现，当地的鞋店并不多，而且鞋子的款式也没有我当时广东打工时在鞋店里看到的新颖。所以，我觉得开鞋店，卖一些款式新颖的鞋子，应该生意会不错。

我是一个雷厉风行的人，只要认定值得去做的事，就会果断行动。说干就干，我拿起电话，联系了广东几个规模较大的鞋厂。连夜踏上了去广东的火车。火车到站后，我没有停留片刻，直奔鞋厂去考察，寻求合作。

几经辗转，最后找到两家质量不错、款式新颖的厂家，并与他们谈妥了合作事宜。随即，我便开始选货、进货。五件货，比我人还高。鞋厂老板都对我上午来考察，中午谈合作，下午就进货的节奏赞叹不已，说我就是个"铁娘子"。

当天，我便定了返程的票，只不过，与来的时候不同，这次回去我满载而归。

由于鞋厂离火车站还有一段距离，带着这么多的货去火车站实在不方便，再加上那天正好赶上下雨，不得已只能花钱雇了一辆货车。为了省钱，我跟车主谈了好久，好不容易才将价格压了下来。货车司机表示也是看我身体残疾却还如此努力，被我积极向上的拼劲儿所感动，所以才愿意把价格降下来拉我一程，只让我出个油费。货车司机的帮助让我感到十分暖心，我也十分感谢这位司机的照顾。

为了能回到桂林就可以直接开店，我直接将货带上火车，没有选择托运。瘦瘦的我，在这一堆货面前显得那么渺小。但我还是使出了浑身的力气硬生生把货搬上火车。我也不知道当时哪里来的那么大力气，是怎么做到的。乘务员看到我艰难的样子，急忙过来帮我。也有几个乘客主动伸出了援助之手。我始终觉得我的运气真的很好，走到哪里都能遇到好心人。

回到桂林后，我便四处寻找店面。后来，我在一条不太繁华的街上租下了一间门面。接着，买货架，布置店铺，鞋子上架，定价，一气呵成。这一切工作，我只用了两天半的时间。我甚至佩服自己如此能干。就这样，在1994年，我的第一家鞋店开业了。

虽然之前奋力搬运五件货的时候很辛苦，但看到自己打拼的第一家鞋店顺利开业，我十分开心。我想，这就是人们常说的"苦并快乐着"的感觉。

经营一段时间之后，盈利效果显著。但我并不满足于这一个小小的店铺，并没有满足于眼前一个小小的成功。为了进一步扩大市场，在试水成功之后，我便在一个繁华的地段租下了另外两家店铺。第二家、第三家鞋店也先后开业了。从开第一家鞋店开始，我的运气就不错，生意也越来越好。

其实，与其说我这是幸运，倒不如说是我用自己的汗水和努力换来的必然结果。没有谁的幸运是凭空而来的，只有当你足够努力时，幸运才会光顾你。这个世界不会辜负每一个努力追逐梦想的人，时光也不会怠慢每一个执着而勇敢的人。

【思考与感悟】

1. 你觉得你的事业是幸运的还是不幸的呢？

2. 你是如何看待幸运和不幸的呢？

开启上海掘金之路

> 创业本身就是一场心智的较量，谁能够忍受孤独走完这条漫长的路，谁就能坚持到梦想成真，笑傲江湖。

你体验过创业之路上的孤独吗？人生路漫漫，无论怎样我们都会走到终点。创业路也是一条漫长且孤独的路。在这条路上，很可能有很长一段时间需要自己去面对并克服各种未知的困难。但很多人走着走着便坚持不下去了，选择就此放弃。

有经验的创业者都知道，创业就要承受巨大的经营压力，顶着不确定的决策风险，忍受着孤独不断奋战。

在与男友分手之后，我便开始了独自在上海打拼的日子。只有努力工作，才能让自己从一些乱七八糟的思绪中走出来，才不会去想那些烦心的事情。

首先，我从短租房里搬了出来，找了一个长租门面房，这里也是我住宿和休息的地方。白天是店铺，晚上就把美容床拿来供自己休息使用。这样美容床一床两用，店铺也一店两用，丝毫不会有资源和空间浪费。

为了租到一个合适的门面，我从各种渠道，包括报纸、小广告、电视等去认真寻找。最后，我在黄浦区的宁波东路找到一家装修得非常漂亮的店铺。

房东很好，是一位美籍华人，也是一个非常漂亮的年轻姑娘。她对我这样身体有残疾还能出来独自打拼事业的人既充满好奇，又充满佩服之情。这位姑娘看到我的不易，就把价格降了降将门面租给我。幸得遇到这位好心的姑娘，我们因为租房相识，也因为租房成了要好的朋友。

在一段时间的努力下，美容店终于顺利开张了。

在第一次创业的时候，我已经积累了很多经验。但在上海这样的大都市创业，我想我还会经历更多未知的事情，所以我还是耐着性子去认真对待。我给自己立誓一定要做出成绩。

起初，美容店投入了很多资金，经营效果很不好，但我还是告诉自己，创业一开始都很难，挺过去就好了。半年多过去了，我每天坐等顾客光顾，但客流量一直没有提升，我就开始慌了。如果继续亏损下去，就只能"关门大吉"了。这样的结果是我最不愿意看到的。

于是我回顾了这半年时间的经营情况，从中找到失败的原因。后来，我发现是自己的经营模式引流力度不够。我对经营模式进行了调整，从之前的九折引流变为办理会员年卡七折引流。果然，全新的经营模式奏效了。通过三个月的努力，美容店开始有了盈利，不再亏损。

这是自己第二次创业，开的第二家美容店，然而我的志向并非只限于此，未来我将会开更多的分店，在全国遍地开花。想到这些，我越来越觉得人生有了盼头。也正是因为这次下定决心创业，彻底打开了我的人生格局，让我因为心中的梦想而向着更加高远的方向前行。

人不会一直幸运下去。创业本身就是一件充满很多未知的事情，重点是如何在遇到这些未知的事情后从容应对和解决。经过第二次创业，从美容院起死回生的经历中，我认为创业者应当具备以下特质：

1. 具备平常心

幸运之神不会永远垂青一个人，一时的幸运并不等于一辈子的幸运。

创业路上，出现问题和困难是再平常不过的事情。若你是玻璃心，没有足够强大的心理承受能力，我不建议你去走创业这条路。出现问题时，创业者要有一颗平常心。这样你才能更好地去面对问题，对问题做出冷静的处理。

2. 善于发现问题

创业就是一个不断试错的过程，在经过一次次调整之后，才能让创业这趟列车走得更稳、走得更远。所以，创业者要具备善于发现问题的能力。发现问题，才能更好地解决问题。很多时候，问题并不是我们表面所看到的那样，相反，还有很多隐性问题没有暴露出来，这对于创业者的敏锐洞察力其实也是一种考验。创业者要养成透过现象看本质、将问题前置的习惯，做到未雨绸缪，才能防患于未然。

3. 具备解决问题的能力

创业是对一个人能力的综合考验。除了平常心、发现问题的能力之外，创业者还应当具备快速、完美解决问题的能力。

在创业领域有这样一句话："创业失败率=99%"，重点在于你如何能成为那1%。创业是一个充满不确定以及充满艰辛的过程，从你决定开始创业之时，就应当做好迎接各种风险、各种失败的心理准备。只有找到有效的运营方法，并坚定勇敢地走下去，才会收获属于自己的精彩。

【思考与感悟】

1. 创业路上你感到孤独的时候，还会继续坚持下去吗？

2. 你会选择用什么样的方式去面对这样的孤独？

来自合伙人的排挤

> 做自己认为对的事情，问心无愧就好。

你会坚持去做你认为对的事情吗？很多时候，我们在做一件事情的时候，即便知道自己是对的，但往往因为自己站在了大多数人的对立面，会遭受别人的嘲笑、反对等，最后迫于压力不得不妥协。

这样做，虽然迎合了大多数人，却也因此而失去了自我，让自己成了一个没有主见的人。

虽然和大多数人对立，也不要过于在意别人的看法，要坚持做自己认为对的事情，这是一种坚持，也是一种自信。

我在创业的过程中就坚持做自己认为对的事情。

在美容店有些起色的时候，正好赶上春节。我就准备回桂林，在春节期间好好休息一下，蓄势待发等到来年大干一场。

回到家后，妹妹见到我第一眼眼泪就流了下来，过来抱住我，她说："姐姐，你看着一下子老了五到十岁。一个人在外打拼太累了。回来吧，不要再去上海了。"

看到妹妹心疼我的眼神，我不由自主地流下了眼泪。这就是亲人，这就是家人，在你累的时候、伤痛的时候给你带来温暖。妹妹的一席话让我觉得十分暖心。的确，在外单打独斗创业不易，只有真正经历的人才有体会。最后，我毅然决然地放弃了上海，决定回桂林重新开辟自己的事业。

年后，我将上海的美容店盘了出去，便开始在桂林扎根了。妹妹有个姓谢的同学开了一家名为"纤手发艺"的美发连锁店，在当地小有名气。在一次聚会上，妹妹与谢同学无意间聊天时提到我和她同学是同行，在上海开过美容店。从妹妹口中得知我的情况后，这位谢同学上门找我合作。

因为我做的是美容行业，与美发虽然同是美业，但还是有一定的行业差异性，所以我拒绝了合作。谢同学并没有因此放弃，此后好几次登门拜访，寻求合作。最终，我还是被谢同学的真诚所打动，答应了合作。

我正式成为纤手 SPA 造型会所股东中的一员。我负责美容项目，谢同学负责美发项目，还有其他人负责美妆项目。

在历经四个月的合作后，在美发店投入的资金成本基本都收回来了。我与谢同学合作也很愉快。一段时间后，我的工作和生活又回到了正轨。

做美容本身就是我的强项。在纤手美发这几年的锻炼使我从思维和实际操作能力上有了更大的提升，我在事业上也得心应手。

除了我之外，其他股东都是男士。他们似乎对我的加入还有一些不习惯，但我有很强的适应能力，很快就融入了新的工作环境和人群当中。

在纤手美发，我不但要做好美容方面的事业，还负责整个会所的运营方案设计。基于自己在创业方面的心得体会，所以对于我来说设计运营方案还是能胜任的。

在经营的过程中，会所其他股东追求的是营业额，而我关注的是利润点。这对顾问公司来说并不是好事，因为顾问公司每个月都要向会所抽取3%的营业额。而如果按照利润的3%来计算的话，他们赚得就会少很多。一个公司，只有真正赚取利润，才能真正实现盈利。这是一个公司长足发展的根本。只看营业额不看利润，怎么行！

起初，其他股东并没有听从我的意见，觉得我作为一个新加入的股东，根本不懂经营。但谢同学却十分支持我的看法，让我按照自己的思路去做。等到我把利润分析表给每位股东过目后，他们对我的运营方案无话可说。

后来，谢同学找我谈话，让我去另外一个店。这个店位于桂林市中心，租金非常高。我去看了一眼，没看上这个店。谢总迫于其他股东的压力，一再过来跟我聊，这才跟我说了实话，表示其他股东在排挤我，也给了他很大压力，希望我能顾全大局。

股东之间各有各的想法，我也不想为难自己，最后我选择了离开。

虽然我离开了，但我并不后悔。因为即便被其他人否定，我依然坚持做自己认为对的事情，也因为自己这样做了，所以没有留下一丝遗憾。

> 桑德斯上校在退休后，手中的所有资产只有一家靠在高速公路旁边的小饭店。饭店虽小，但菜系却颇受顾客的喜爱。其中最受欢迎的一道菜，就是他独创的香酥可口的炸鸡。他也因此收获了一笔可观的财富。正当小饭店蒸蒸日上的时候，由于高速公路改道到了别处，使得去饭店的路变得十分不便，前来就餐的顾客也寥寥无几，最后只好关门歇业。迫于无奈，桑德斯上校决定出售他的炸鸡配方，以换取微薄的回报。
>
> 没想到的是，不但没有人愿意购买配方，还嘲笑他。任何人在任何年纪，对于被别人嘲笑这件事情，都会难以接受。桑德斯上校不但被人嘲笑，还被人拒绝推销配方。这样的双重打击，对桑德斯上校影响十分巨大。但他并没有就此放弃，而是开着车走遍全国去推销自己的配方。
>
> 最后，在被拒绝了1009次之后，才有人肯买下他的配方。1952年，第一家被桑德斯上校授权经营的餐厅开业了，将店铺命名为肯德基。此后短短的五年时间，桑德斯上校的肯德基加盟店就开到了400多家。此后，桑德斯上校的肯德基连锁店遍布全世界，也被载入了商业史册。

> 如果当初桑德斯上校在别人的嘲笑和拒绝下放弃了推销自己的炸鸡配方，也就没有如今全球知名的肯德基。

人生就是这样。很多时候，我们在专心做一件事情的时候，会遭到别人的闲言闲语和不满。如果此时因为这件事情而对自己产生怀疑，或者因为这样的人给自己带来的压力而半路放弃，那么我们日后注定会为自己没有坚持自己认为对的事情而抱有遗憾。所以，我们一定要坚持做自己认为对的事情。坚持虽然未必有回报，但不坚持必然会后悔。做自己认为对的事，不要太在意结果，只要无愧于心就好。

当然，人生在世，难免会遇到与自己意见、观点相左的人，质疑自己、讥讽自己、排挤自己的人时常存在。但真正聪明的人往往不会将自己置身于这样的旋涡当中，而是要学会包容，学会释怀。包容，就是要懂得不处处和人计较，释怀就是要忘记过往的不快。

生命给予我们的不仅仅是各种糟糕的事情，更是因为这些事情而带来的考验和磨练，让我们学会举重若轻。因此，包容和释怀也是一种智慧。

【思考与感悟】

1. 你被人排挤过吗？

2. 被排挤时你有什么样的心理感受？

3. 面对别人的排挤，你是如何做的呢？

与弟媳合伙创业

> 如果你经历了不好的事情，不要难过，那一定是命运对你另有安排。

你觉得上天对每个人都是公平的吗？很多人在遭受不公平待遇时，都会觉得上天对自己太过不公，一切糟糕的、悲惨的、坎坷的事情都在自己身上发生。

但只要你勤加回顾，多加思考，就会发现，其实上天对每个人都是公平的。有人让你哭，就一定会有人让你笑；有得，也必定会有失；你努力付出多少，吃了多少苦，就会收获多少回报，享受多少成功的甘甜……

起初，我觉得上天对我不公，但经历了一些事情之后，我却不再这么认为。

在合伙创业的那段时间里，我全身心投入到工作当中，可惜时运不济。从纤手 SPA 造型会所离开已经是年尾了。我一边调整自己的心情，一边准备蓄势待发。

小时候，父母都盼望自己的孩子能够早日成家立业；上了年纪后，父母更多的是盼着自己的儿女能够多回家看看。所以，我们几个儿女商量着春节时再忙也要回家团圆，回家过年。再加上大弟弟在不满 22 岁的时候就已经车祸去世了，父母更加珍惜能够和我们几个孩子团聚的机会。

那年春节放假，远在外地发展的弟弟、妹妹带着家人都回来了。好几年了，过年的时候家人都没能聚在一起。这个春节，家人能够团圆，父亲和母亲都十分开心。

和弟弟妹妹们在一起聊天时，聊到近期发展，小弟弟和弟媳说他们以后打算在桂林发展，这几年他们在外地做美发生意，看到美容行业正在兴起且发展得很不错，就决定年后开个美容院，这样离家近，还能照顾父母。

开美容院？这不正是我全新的人生目标吗？这是一个很好的机遇。我这些年学美容积攒了不少美容手法和营销经验，能和弟弟、弟媳一起合作的话，可以有效解决资金紧缺的问题，生意风险也相对较小，可以各取所长，相互照应，这样创业更容易成功，生意肯定不错。于是，我向弟弟和弟媳说出了我的想法。没想到，我们一拍即合。

打工的路原本就不易，做生意的路必然会走得更加艰辛。有了东山再起的念头，又能遇到家人与自己有相同的想法，能一起创业相互扶持就更加不易。和家人合伙创业，我会更加慎重对待，将全身心投入进来。

春节前，我就开始一步步酝酿规划，等待年后大干一场，为自己开拓全新的人生。过完年，我们就开始着手准备。有了之前的创业经历和经验，我们的前期筹备工作进行得顺利且高效。在筹备过程中，我们之间也有过不少小插曲，但我们都商量着来，最终达成统一意见。

1997年，在我和弟弟、弟媳的共同努力下，美容店如期开业了。

接下来的几天，店里没有顾客的时候，我就思考店铺该如何经营。我注意到，对面新开张的美发店同样人烟稀少，脑海中突然闪现出一个念头：美容和美发都属于美业，为什么不能联手干一番大事业呢？

我兴奋地把构建出来的全新营销模式告诉了弟弟和弟媳，并和他们阐述了具体细节，他们听后都觉得我这个模式很不错，可以一试。说干就干。我走进对面那家美发店表明来意。起初，美发店老板不屑和我合作，认为我要和他抢市场。我耐心向他解释道："大家都刚开业，生意都这么惨淡，何谈谁抢占了谁的市场？与其经营得凄冷惨淡，不如大家抱团合作。试一试，如果效益依然不好，我们就散伙，回归各自经营的状态。"

后来，美发店老板被我说服了，心动了，表示愿意一试。之后，我们两家店的合伙人坐在一起，协商了具体的合作细节：凡是进我们店的顾客，做一次美容，可以在美发店免费盘发一次；凡是进入美发店的顾客，在我们店里做美容并享受八折优惠。从美发店每介绍一名顾客过来，美发店都可以获得一定的报酬。

美发店老板觉得这样合作他不亏，于是就同意与我们合作。我们没有签订合同，只是达成了口头协议。之后便开始了愉快的合作。

果然，全新的经营模式使得美容院的经营走上正轨，为店里吸引来很多顾客，也让美容店的经济效益显著提升。美发店的效益也节节高升，老板开心得合不拢嘴。事实证明，创业要灵活改变经营策略、营销策略，才能在市场中分得一杯羹，否则就只能被淘汰出局，尤其对于初创企业来讲更是如此。

就这样，和美发店合作了三个月，美发店老板觉得我们的收入比他高，心理开始不平衡，就坐地起价，想要得到更多的报酬。

无奈之下，我们只好终止了合作。但生意还是要继续做下去的，每个月还要交房租，还有那么多借款要还。想要让店铺屹立不倒，效益翻番，首先就需要打造自己的品牌，要做就做得与众不同，做得更具创新。所以，我们开始分工。平时，店里有顾客来做美容，都由我负责。弟媳则出去学习美妆。待学成归来时，有美容、美发、美妆三个项目就可以大干一场。

在中间过渡阶段，来店里的顾客绝大多数都是老客户。为了更好地留住客户，我会送她们一些小礼品。一个月后，弟媳学成归来。店铺重整旗鼓。这次，我们专门开辟出一块区域，给顾客免费进行美妆和美发。

这些附加服务不但让顾客的皮肤越来越健康，气质也提升了一大截，我们也就自然而然地赢得了顾客的青睐和赞誉，也因此吸引了更多的新顾客。

半年的时间，我还清了前前后后所有的借款。当时最想做的一件事情，就是攒更多的存款，可以换个大一点的美容院。而我自己，由于经济条件变得更好，加上事业上的成功，我的心情愉悦许多，我的体重也从之前的七十多斤增加了将近二十斤，变胖了一些，整个人气色也好了很多，看起来也漂亮了很多。

但正当美容院蒸蒸日上之时，弟媳和我的经营理念出现了分歧。弟媳想要让我亲自干活，认为这样可以节约人力成本。但我想做培训，想让更多的员工为自己干活，这样我就有更多时间去思考美容院运营的事情，可以想出更多的经营点子。

最后，还是因为意见相左，我们不得不选择自己干自己的事业，我选择离开，将美容院留给了弟弟和弟媳。

经历了三次创业，我想，从我遭遇情感失败到好友带我去做美容散心，再到后来我学习美容，从自己第一次尝试创业，再到遭受连锁店股东的排挤，再到和弟弟、弟媳一起开属于自己的美容院，再到后来迎来人生的一场彻彻底底的成功，以及最后我将店铺留给弟媳自己选择离开，并通过努力换来了如今不一样的人生，我想，所经历的这一切都是最好的安排。

其实，每个人生来就有自己的使命。当你遭遇难以接受的事情时，所有的困窘、怀疑、伤心、难过，一定会随着时间的流淌在生命里的某个节点告诉你：上天让我们此生所见的每一个人，让我们所经历的每一件事，都是冥冥中命运的安排。

但在所有命运的奖赏来临之前，我们必须耐得住厄运的折磨，经得住命运的洗礼，吃得了追梦的苦。终有一天，我们会迎来雨后灿烂无比的彩虹。

【思考与感悟】

1. 你觉得上天对你怎么样？

2. 你怎样看待生命中经历的那些好的、坏的事情？

起伏跌宕的内衣生意路

> 起伏跌宕就是人生原本的样子，直面它，拥抱它，才能迎来生命的转机。

如果没有起伏跌宕的人生，你是否会感到遗憾？有的人自从出生开始，就有父母的庇护，没有遭过一点罪，没有吃过一点苦；有的人却在成长路上遭遇诸多坎坷和磨难。有的人，第一次创业就莫名地成功了；有的人却像西天取经一样，经历九九八十一难，事业才修成正果……

我的人生经历告诉我，人生原本就是在起起伏伏中充满希望的。

一次，在给顾客做美容时听到两位顾客聊天，提起了美体内衣、医美内衣。当时我对美体内衣、医美内衣并不了解。只是听她们聊天感到好奇。在细聊之后，我发现了新的商机。

于是，在接下来的日子里，我在为客户做美容的时候，会在与客户聊天的时候搜集各种与女性消费有关的信息，发现越来越多的女性在注重保养的同时，也开始注重养生，她们都希望自己有姣好的容颜，有婀娜多姿的身材，有健康的身体。另外，在做好美容院工作之余，我会将自由时间用来通过网络对女性话题进行问卷调查，包括美貌、身材、健康等各方面的问题。经过总结，我发现，其实相比于美貌如花的容颜、婀娜多姿的身材，她们更希望自己拥有健康的身体，因为健康是一切的基础和资本，没有健康又何谈容颜和身材的保养？经过细致的调查，我思考着：如果既能让女人拥有健康，又能够让其通过美貌和身姿获得生活的自信，这将是一个很好的发展领域。

我想，美体内衣、医美内衣一定会有广阔的市场前景。虽然当时我对内衣的行情一无所知，但对自己进入这个朝阳行业满怀期待。

做一行就要爱一行，专一行。在着手做内衣生意之前，我了解了很多有关内衣的知识，也四处逛商铺做调研，详细了解了内衣市场。我发现，内衣只在使用后有保质期，使用前不必担心过期问题。而且当时做美体内衣、医美内衣的并不多，发展空间大，竞争没有那么激烈。唯一的问题，就是美体内衣、医美内衣的成本较普通内衣高很多。但成本高并不能阻碍我开内衣店的决心。做得好，可以进一步扩大规模；做得不好，养家糊口也没问题。不试着做，怎么知道做得好不好呢？

接下来，我就开始寻找进货渠道。在朋友的介绍下，我考察了几家外地的内衣生产商。

为了节省时间，提升效率，我们马不停蹄，饿了就吃方便面，困了就在车上短暂休息几个小时，然后继续前行。辗转了好几家内衣生产商，我始终感觉不太如意。虽然有些沮丧，但我没有放弃。最后，我终于找到了自己想要的内衣产品，无论从美体角度还是从医美方面，无论从品质还是看外观，都达到了我的要求。功夫不负有心人，此刻即便再苦再累也感觉是值得的。

在联系好生产厂家后，厂家如期把内衣产品发了过来。接下来定规模、租店铺、租库房、采购产品、全面铺货，一切都有序进行着。凭着一腔热血，花光了手里所有的流动资金，内衣店终于在期待中开业了。

初次涉猎美体内衣、医美内衣行业，我的创业道路并不是一帆风顺的。本想大干一场，但由于前期进货量较大，再加上缺乏实践经验和资源优势，半年时间就亏损20多万。有一段时间，我也变得有些焦虑，虽然说内衣不用担心过期问题，但压货太严重，库房、店铺租金却依旧要交，员工的工资也要继续发放。资金流断裂，给我带来了很大的经济压力。一时间，内衣店生意陷入了低谷。

因为生意亏损而焦虑，这是人之常情。但焦虑过后，更多的是需要花时间想办法改变眼下的情况，扭亏为盈。于是，为了提高卖货效率，我干脆租了一辆货车，每天拉着内衣到处去卖，主要面向的对象是那些内衣店、美体店，有时候甚至直接找个合适的地方，向行走在大街小巷的行人扯开嗓子开始叫卖。当然，由于当时塑形、医美内衣并没有得到普及，很多人对塑形、医美内衣并不是很了解，所以无论我多么热情、多么卖力、多么努力地去介绍产品，大多时候都会遭遇对方的冷漠，甚至是冷冰冰地拒绝。

美体、医美内衣产品铺市遇到了瓶颈，这是我始料未及的事情。时间越久，资金亏损问题就越严重。

为了解决资金问题，我卖掉了一个鞋店的门面，才再次盘活了内衣店。注入资金只能让内衣店一时"活"起来，却难以持久地"活下去"。烧钱，没有好的营销渠道，只能让自己亏得越来越多，再次陷入死循环。然而，就这样亏损下去，就这样把生意做失败，这并不是我的做事风格。我一定要将亏掉的钱再赚回来。我陷入了沉思中，如何做到扭亏为盈呢？

正当自己犯难的时候，听说在当地近期要举办一场美博会。美博会是美业中一个集交流展示、寻找代理加盟等业务于一体的展会，可以说是引领美业的风向标，而且其参展的类目中，恰好包含美体内衣、养生产品等。真的是千载难逢的好机会，如果能在美博会做一场产品展示，就会有更多的人注意到我的产品，很好地打开我的产品销路。从这一点看，可以说美博会为我打开了一个全新的营销增长思路。想到这里，我甚至有一种久旱逢甘霖般的喜悦感。

我做什么事情，总是不愿错过任何一个可能成功的机会，因为在我看来任何机会都稍纵即逝，只有果断抓住，才不会有遗憾。在决定加入美博会后，我就赶紧报名，缴纳了展位租用费，正式入驻美博会。

由于手里的资金有限，我只能租下一个较小的展位，而且位置在展厅最靠里边的地方，并不是黄金位置。空间有限，我带到展位的内衣产品也并不是很多。让我意想不到的是，在展会正式开始的第一天，我不厌其烦地讲解有关内衣美体、塑形、保健方面的知识，就有很多参展的游客表示对我的产品感兴趣，也有很多游客当场就购买了好几套。除此之外，我还给那些游客发了名片，上面有我店铺的位置、电话、产品等信息。希望他们有需求的时候可以联系我。

第一天的出货率就不同凡响。到了下午，展厅还没有闭厅，我带过来的产品就销售一空。这是出乎我意料的，我只想到了能增加销量，却没想到能出货这么快。

有了第一天的经验，第二天、第三天的展会，进行得更加顺利，销量也翻番。

自此以后，店铺生意渐渐有了起色，一步步走上正轨。一方面，人们对于美体内衣、医美内衣了解得越来越多；另一方面，很多新顾客都是老顾客介绍过来的。后来，内衣店生意做得风生水起。

很庆幸，我在事业低谷期并没有轻易放弃，而是重整旗鼓找到了新的出路。

有句话说得很好："人的一生就是一条上下波动的曲线，有时候高，有时候低。低的时候，你应该高兴，因为很快就要走向高处，但高的时候其实是很危险的，你看不见即将到来的低谷。"我很喜欢这句话，也更明白，当一个人处于低谷的时候，只要心稳就不会乱了脚步；只要你肯定努力，无论朝着哪个方向走都是往上爬。这就是"锅底法则"。

没有起伏跌宕的经历就不足以谈人生。我在经历了这次创业低谷之后发现，其实人生遭遇低谷并不可怕，关键是不要沮丧，不要就此放弃。

为此我总结了几条让自己从低谷走出来的小心得：

1. 调整好心态

事业不顺最容易让人内心崩塌，此时最重要的就是要调整好心态。心若高远，又岂能让一时的低谷打败？只有冲散围绕在自己周围的苦闷、抑郁，才会有飞向高远的机会。

2. 思考什么对你更重要

当一个人心情跌入低谷时，内心往往充满了困惑和迷茫，此时的思绪会变得更加混乱，不知道接下来该何去何从。要想走出这样的困境，唯一的方法就是让自己冷静下来，重新思考自己想要的究竟是什么？对于自己来说什么才是更重要的？就此止损重要，还是改变策略继续追梦更重要？这个时候，一定要听从自己内心深处的声音，找到自己认为最重要的，才能找到接下来的方向。

3. 重拾热情

热情往往是一个人在遭遇坎坷时能够继续坚定不移走下去的动力。当你对自己热爱的事业重拾信心时，即便遇到再难的境遇，也不会被轻易击倒，反而会让你越挫越勇，更有斗志。

4. 尝试改变策略

有的时候，失败并不是因为我们不够努力，而是我们的方法不对，也许尝试着改变策略就会得到不一样的效果，甚至会赢得超预期的美好。方向比努力更重要。

人生就是这样，起起伏伏，有高光时刻，也有低谷时期。生命里的每个高光时刻都需要低谷做铺垫。这个世界上没有所谓的绝望的处境，只有对处境绝望的人。最重要的是重新鼓起勇气去面对，让自己赶快走出低谷。

这样，当别人问你如何在低谷期成功逆袭时，你可以自豪地告诉他："接受现实，改变策略。"

【思考与感悟】

1. 面对生命中的起伏跌宕你是否感到迷茫？

2. 你会如何让自己奋力走出这样的困境？

|野火烧不尽，春风吹又生|

> 创业是人生的一场磨砺，只有经得住磨砺的人，才能成为真正的强者。

创业要历经艰难与磨砺，你准备好了吗？很多人都觉得创业非常艰辛，那是因为创业过程中存在很多未知风险，除了市场环境变化、市场竞争之外，还有很多未知的困难在等待着自己。

我们永远不知道创业路上接下来会遇到什么样的意外情况。所以，创业，每走一步都需要有面对未知、不怕失败的勇气。这是一个人能够事业有成应有的最基本的素养。我们无法预知未知的风险，但我们可以用自己的毅力对抗风险，用自己的努力改变糟糕的境遇。

> 20世纪70年代，有一名荷兰小伙和他心爱的女孩结婚。之后不久，这个小伙的背部不幸严重受伤，让他几乎无法站立，也因此失去了工作。此后，他的病情越来越严重，但为了支撑这个家，他又去找新的工作。没有人愿意招聘连自己都照顾不了的病人。在多次被拒绝之后，他做出了一个决定：自己创业。对于一个没有资金，没有太多商业才能的人来说，创业更是难上加难。他喜欢画画、写诗，这是他唯一能够用来创业的资本。

> 最终，他决定开一家市场营销公司。可以用自己的写诗才能创作广告词，可以用自己画画的技术，为客户画宣传画。由于自己行动不便，他就在床头放一部电话，拿着企业黄页里的公司地址，一家一家打电话，推销自己的创意营销业务。
>
> 没想到的是，很快就迎来了第一位客户。这是一位家具厂的老板，他被这位小伙的创业精神所打动，就亲自登门拜访。家具厂老板一到小伙办公室，就愣住了。在一间狭小的卧室，一位高大的小伙卧病在床。经过一番谈话后，家具厂老板对小伙的艰难境况有了更多的了解，决定帮助这位才华横溢且遭遇不幸的年轻创业者。此后，小伙的客户越来越多，很多客户都是老客户介绍而来的。他们是小伙的首批"床头客户"。
>
> 随着时间的推移，小伙的事业越来越好，他成立了三家市场营销公司：一家报社集团、一家媒体集团、一家咨询公司……他就是知名的创业家克拉斯·德沃，美国国际传媒集团和德沃咨询公司的老板。
>
> 创业对于每个人都十分不易，克拉斯·德沃的创业之路更加艰辛。但上天不会辜负每一个拼尽全力对抗逆境的创业人。

我在创业的过程中，也遇到了很多意想不到的事情。其中，最让我难忘的就是2002年遭遇的那场火灾。

那天，店里新上了一批美体塑形产品，生意还算不错，有位员工为顾客做美体塑形到很晚才结束。中途我让员工早点回家，剩下的部分由我来做，可是这位员工很负责，为顾客服务有始有终。由于美容店离员工家比较远，我担心员工晚上回家不安全，就腾出来一张美容床，让员工晚上在店里住下。而我当时正好家里有事，回到了父亲那里。由于天色不早了，就在父亲那里住下，没有回店里。也正是那天，发生了一场让我心有余悸的火灾。

半夜的时候，我睡得正香，突然有电话打了过来。迷迷糊糊中，我听电话那头说我的店铺着火了，让我马上去看一看。听到这样的消息，我的大脑瞬间仿佛被浇了冰水一般清醒了，这才知道原来是店铺隔壁的老板给我打来的电话。好好地，怎么会着火了呢？员工还在店里，情况怎么样了？我的美容店被烧成什么样子了？这些疑问瞬间一股脑涌入我的大脑。我整个人都蒙了。

来不及多想，我便着急忙慌地在睡衣外边披了个外套，一把抓起车钥匙就往门外跑。没想到的是，我已经完全忘记了自己腿脚不好的事情，着急之下，便一个趔趄摔倒在地。虽然感觉双膝被摔得生疼，但我还是赶紧爬起来，双手捂着膝盖，一瘸一拐地朝着车走去。在开车到店铺的一路上，我都心急如焚，担心员工的情况。店铺烧了是小事，员工的人身安全才是最重要的。

到了店铺，我看到整个店铺火光冲天，就连隔壁的店铺也受到了牵连，消防员正在全力扑救。隔壁店铺的老板告诉我，他们叫来了120，员工已经被120接去对面的医院了。

于是，我忍着膝盖的疼痛，径直向医院小跑而去，想赶紧知道员工的情况，烧伤严不严重，有没有生命危险。通过值班护士台，得知员工被送进了抢救室，目前情况不得而知。

在抢救室等待的那段时间，我觉得时间仿佛过了很久很久，看着进进出出忙碌的医生、护士，我的脑海中一片空白。

抢救室的门终于打开了，我赶紧走上去询问医生有关员工的情况。得知员工已经脱离了生命危险，我这才松了口气。看着戴着氧气罩依然昏迷的员工，我既心疼又自责，要是我坚持让员工回家就好了，要是我没有回父亲那里就好了……然而我也知道，这一切自责也挽回不了什么。只有接下来好好照顾员工，才能弥补我内心的自责。

这位员工也是和我一样，孤身一人在上海打工，没有亲戚朋友，所以一个月以来她的生活起居都是我来照顾的。等员工醒过来之后，我才得知原来是店铺里电源短路引发的这场火灾。

在照顾这位员工之余，我还需要回去善后。一场大火，不但让我的店铺，包括所有的产品、设备等被烧得精光，左右两家店铺门面也烧得十分严重。庆幸的是，并没有造成人员伤亡，这真是万幸。毕竟，火是从我的店里烧起来的，左右两家店铺因此而受了牵连。该道歉的道歉，该赔偿的赔偿。可是，我仅剩的那点钱根本不够用。左右两家店主也都看我出来创业不容易，又遇到火灾损失严重，还得承担员工的治疗、医药费用，就没让我赔偿误工费，也没让我补偿租金，只让我赔偿了火灾损失。在自己患难的艰难时刻，再次庆幸，我真的遇到了好心人。

两位店主如此待我，我也不能做一个忘恩负义的人。所以，我就抓紧时间四处借钱，把该补偿的赶紧补偿。

回头看看自己的店铺被烧得面目全非，造成了巨大的经济损失，看着眼前这一切，我感觉自己心都碎了。为什么上天总是要让我经历这么多磨难？突然间，我脑海中出现这样一句话："自古雄才多磨难，从来纨绔少伟男。"回顾我经历的点点滴滴，越来越让我深刻地意识到这句话的内涵。上天从来不会平白无故地厚爱哪个人，不要总是在自己经历磨难的时候抱怨上天的不公，也不要羡慕别人所拥有的成功，因为你看到的仅仅是别人光辉的一面，却没有看到过别人在通往成功的道路上所经历的艰难，这些艰难甚至比你所经历的磨难还要不堪。

王永庆小时候因家庭贫困读不起书，只好去做买卖。在16岁的时候，王永庆拿着仅有的200元，开了一家米店。当时，在王永庆所在的城市已经有30多家米店，这对王永庆来说，自己的小店铺规模最小，没有任何优势，竞争非常激烈。但王永庆并没有就此退缩。

王永庆改变大多数人坐店营销的策略，自己背着米，挨家挨户推销。劳累一天下来，效果却不尽如人意。因为，他的店铺初来乍到，很难受到顾客的信任。于是，他再次寻找新的突破口。他发现，当时由于技术落后，人们吃的米很多都有小石头之类的杂物，吃饭前要淘洗好几次米。但由于都这样，大家也都见惯不怪了。王永庆把这一点作为全新切入点，亲自一点一点把米里的杂物挑出来，然后再去卖。此后，大家都知道王永庆卖的米品质非常好，就这样一传十十传百，王永庆的生意越做越好。

但王永庆并没有满足于此。在看到很多上了年纪的人买东西十分不便，王永庆便推出主动上门送米的服务。这一服务受到了很多老年人的欢迎，这项服务可以说是当时的一项创举。

王永庆创业前期的路也像绝大多数创业者一样充满了艰难。但从王永庆不断改变策略的举动，充分说明了他的"不服输"且勇于创新的精神。也正是因为不断寻求突破，才使得王永庆的店铺从无人问津到后来赚得盆满钵满。正像王永庆所说："人在失败时千万不能倒下去，要像瘦鹅一样锻炼忍耐力，只要饿不死，一有机会就会强壮起来。"

一个人想要取得成功，就必须接受上天给自己设定的重重考验。只有闯过人生的一道道关卡，才有可能成为真正的强者。

在员工出院后，我便将满目狼藉的店铺收拾一番，然后又把墙面重新粉刷一新，同时也找来了电工师傅，重新修复了电路，并把所有的电源都检查了一遍，杜绝电路隐患。其他员工也都赶来帮忙。很快，那个经历了火灾被烧得不堪入目的店铺焕然一新。焕然一新的不只是店铺，更是我的内心。一场大火烧毁了我的店铺,却毁不掉我的梦想。就算再艰难,再无奈,再悲凉、再委屈,我还是要坚持下去。正应了那句话:"野火烧不尽,春风吹又生。"

店铺重生是需要时间的,而每个员工都要赚钱养家糊口。为了不耽误员工们的时间,我把大家召集过来,告诉他们可以随时离开找新的工作。没想到的是,员工竟然没有一个人想要离开,愿意跟着我一起干,一起把店铺重新做起来。有这样的员工,在自己最糟糕的时候依旧不离不弃,夫复何求?我更是被他们打动了,以后一定要把店铺做得更好,让每位员工能够赚到更多的钱。

让我没想到的是,我的三个股东此时却提出要撤资、撤股。要知道,这个时候正是资金吃紧的时候,原本就因为一场大火让我元气大伤,此时三位股东的要求更是让我难上加难,我甚至有种要被压力压窒息的感觉。真的是应了那句话,"屋漏偏逢连夜雨"。难过是毋庸置疑的,但人各有志,我也最终和那三位股东签署了撤资协议。

之后,美容店上货需要钱,给员工发工资需要钱。这个时候,我才真正体会到什么叫作"一分钱难倒英雄汉"。没办法,我再次出去借钱。要想赚钱,要想给员工发工资,就得先让店铺运转起来。所以我将借来的钱先拿去买了美容产品。员工工资就只能暂时拖着。

一段时间过后,店铺在大家的共同努力下真的"活了"起来,也逐渐走上了正常盈利的轨道。

创业没有可以临摹的样本,每走一步都是摸着石头过河。创业更是一个直面未知的过程。在这个过程中,我们永远无法预料接下来惊喜还是惊吓哪个先发生。因此,创业就要时刻准备迎接各种各样的挑战和磨砺。所谓"梅花香自苦寒来,宝剑锋从磨砺出"就是这个道理。

【思考与感悟】

1. 你在创业过程中经历的最难忘的磨难是什么?

2. 你最后是怎样挺过来的?

第八章

厄运再次降临

我们从来都不知道明天将会发生什么，更不知道未来将会是什么样子。可以说，我们的人生充满了变数。在我事业屡屡向好的时候，厄运再次降临，阻碍了我追逐梦想的步伐，但我并没有因此而束手就擒。

不是不痛，只是不说

> 人生就是一场与自己的较量，努力付出才会遇见更好的自己。

你为了实现人生梦想而受过伤吗？梦想或大或小，或平凡或伟大，或艰难或平顺，无论什么样的梦想都值得我们认真对待。哪怕会有大风大浪的洗礼，哪怕会受伤，都值得我们不遗余力来实现，值得我们全力以赴去追逐。之后，我们会发现不懈的努力会换来如愿以偿。

正如一首歌的歌词："我和你一样坚强，一样全力以赴，追逐我们的梦想，哪怕会受伤会有风浪，风雨之后才会有迷人芬芳。"

回想起我对于梦想的执着，至今都让自己感动不已。

在改变营销思维和营销渠道之后，我的内衣生意兴隆，销量一路飙升。

第二年，我再次参加了美博会，一连参加了两场，但效果却不尽如人意。为了提升销量，我便再次转换思路，从坐等客户上门到出去跑市场。

第一次上街寻找客户的时候，我看到街上的内衣店就上去满怀热情地推销自己的内衣产品，结果却被对方直接以没时间或对你的产品并不感兴趣为由拒绝了，甚至有人连话也不说就径直走开。在经过几次拒绝之后，我深感跑市场的艰难。

多次被拒之后，我的内心受到了一定的打击。虽然这些年做生意与很多客户打过交道，但第一次出来跑市场，一来人生地不熟，二来不懂如何使用话术和技巧，所以做起来并没有想象的那么简单。

痛定思痛后，我发现对于绝大多数目标客户而言，他们拒绝的直接原因通常有三个：第一，客户真的没时间；第二，客户对推销抱有抵触心理；第三，你所推销的对象并不明确。

找到原因之后，我便思考着如何才能将自己的产品推销出去。如果逢人就推销产品，势必会让人反感。但如果能够第一时间在对方心中建立好感，建立信任，并能更好地了解客户，那么谈生意就自然容易一些。

于是，我找到了接近客户的三条途径：

第一，与客户套近乎，在与客户攀谈的过程中，通过观察和提问不断拉近与客户的距离，也能够挖掘客户的潜在需求。

第二，时刻关注客户的情绪状态，从微小的表情和动作中观察对方的真实意图，而后你才能够知道需要用什么样的语言表明自己的意图更加易于被客户接受。

第三，时刻保持厚脸皮。

凭借这三套法宝，我为自己在后期推销产品的环节赢得了更有利的局面，这也让我更有信心，更有积极性，想要在最短的时间里拓展更大的市场。

就这样，一个地方的市场跑完之后，我就转战下一个地方。我每天需要开车几百公里，一个月下来，要开车上万公里。一连四个月，我不是在开车就是在走路，双脚都没怎么好好休息过。或许是因为太过劳累的原因，原本就状况不好的腿脚情况就更加糟糕了，最后到了双腿双脚肿痛到根本没法走路的地步，走两米远的路都能让自己痛不欲生。

无奈，最后不得不让妹妹接我回家休养一段时间，而且恰逢年底，休息一下也不会太耽误工作。妹妹看到我双腿肿胀得十分厉害，就含着眼泪问我："姐，你出去跑市场的时候，就不感觉脚痛吗？为什么严重到了这个地步才知道休息？你为什么不知道量力而行？"

其实，并不是我感觉不到痛，只是不说而已。

因为我深知，在追逐人生梦想的路上免不了会有身心疲惫和受伤的时刻，但脚下的路是自己选的，即使布满荆棘，即便再艰难，都要咬紧牙忍痛熬过去。每当我向前走一步，就会离自己的目标更进一步。如果我因为一点点伤痛半途而废，或中途返回，都会让前面所做的一切努力就此白费。

> 这里分享一个我之前看到的哲理性小故事：
>
> 在一望无垠的大海里住着一只老乌龟，由于它本身动作缓慢，再加上它年纪老迈，所以它做任何事情都慢得出奇。大海里的邻居谁都瞧不起它，它却总是一笑置之。
>
> 一天，海底传来消息，再过几天就是海龙王的寿辰，海里的动物们纷纷准备向龙王送上精美的贺礼。乌龟听到消息后，也精心准备了一份礼物，并亲自送给龙王。老乌龟知道自己行动缓慢，便提前好几天就出发了。这一路上，它拼命地赶路，还遇到好几次波折：有一次它与鲸鱼的大口擦肩而过；有一次，它被渔网缠住，拼尽了全力才脱身。在平复了心情之后，才发现自己已经被渔网拖行了很远，它甚至想过放弃，但又十分不甘心就这么半途而废，让自己就这么费尽力气却白跑一趟。于是，它再次上路。日夜兼程不知道多少天之后，老乌龟终于到了龙宫，却发现龙王的寿辰早就过去了。
>
> 在得知老乌龟所经历的一切艰难，以及它不懈的努力之后，龙王被老乌龟感动了。龙王觉得，老乌龟能够有这份心意，而且它的坚持不懈、克服前路艰辛也要完成目标的精神弥足珍贵。在收下老乌龟的礼物后，便封老乌龟为丞相。老乌龟也凭着自己的毅力赢得了大家的尊重，大伙儿都称它为"龟丞相"。

> 故事虽然简短,却极富哲理性。我们每个人都应当像老乌龟一样,无论遇到什么样的艰难,都要不遗余力,敢于勇往直前。

如今,回想起当时痛不欲生的样子,我却一点也没有因为我对梦想的执着而后悔过。一个人对梦想有多执着就会有多不易。即便自己追逐梦想的过程中把自己弄得遍体鳞伤,但那也都是一段努力到让自己感动的经历。

【思考与感悟】

1. 你会为了梦想全力以赴,还是量力而行?

2. 你有努力到让自己感动的经历吗?

一张灰色诊断书

> 只要心怀希望，就永远有希望。

你知道肝胆俱裂的痛是怎样的感受吗？每个人对于痛苦的记忆往往印象深刻，事业失败时的心痛，情感破裂时的伤痛，亲人离开时的悲痛……人的一生总要经历各种各样的痛苦，只是不同的人所经历的痛苦不同罢了。

面对痛苦，不同的人也会有不同的表现。有的人随着痛苦沉沦，有的人和痛苦抗争。这个世界上，人人都喜欢快乐，没有人愿意痛苦。但生活就是这样，酸甜苦辣咸五味俱全，这才是生活的全部。毛毛虫只有经历破茧的劳累与痛苦，才能变成美丽的蝴蝶；河蚌只有经历砂石的磨砺，才能孕育出美丽的珍珠。

我的人生中，因为身体残疾也经历过一段黑暗时光，让我在痛苦过后看到了人生的曙光。

本以为在家好好休息一段时间腿脚就能恢复，没想到却是事与愿违。

到了大年初一的时候，我居然不再是行走艰难，而是彻底瘫痪了。我本想着在床上躺着休息几天，也应该养得差不多了，正要准备下床走动走动，突然感觉自己的双腿不受控制了。这对于我来说无疑是一个天大的打击。双腿瘫痪，意味着我以后连一瘸一拐行走都做不到了，这样我就真正成了一个生活不能自理的废人。想到这里，我就感觉天要塌下来一样，我的心情就变得更加烦躁，情绪也变得难以自控，时而泪流满面，时而发呆不动，时而脾气暴躁。家人看到我情绪不稳定，就挨个过来极力劝说和安慰，只能等到初六医院上班才能带我去检查。

从初一到初六的这几天时间里，我整天躺在床上无所事事，总感觉时间过得得很慢。人在百无聊赖的时候就会想很多事情。我以为我的人生以后就这样了，以前虽然走路不利索，但至少还能随意行走，而如今却是走也不能走了，想到这些，我的内心充满了恐惧和痛苦，我觉得自己真的很不幸。但在我最难受、最痛苦的时候，还有家人对我无微不至地照顾和爱护，看着家人也为我着急难过，我觉得不能让自己继续这样悲伤下去了，因为我不想让关心我、爱护我的人也难过。

终于熬到了初六。医生安排我做了CT检查。在等待拿检查报告的时候，我默默祈求上天，希望我的情况不要到了难以医治的境地，不要让我就此成为一个瘫痪的人。

CT检查片子出来以后，家人本想悄悄地瞒着我和医生沟通，不让我进去。但我坚持想知道自己真实的身体状况，最后家人才把坐在轮椅上的我推进了医生诊疗室。

医生拿着片子仔细看了一下，然后告知我情况很不好，左脚坐骨神经受损，右脚髋关节先天性发育不良，并且我已经耽误了最佳的治疗时间。医生的话意味着对我的双腿"判了死刑"。此时，我犹如五雷轰顶一般，整个人都瘫在了那里。

我这才知道，原来我的残疾并不是因为自己得了小儿麻痹症，更不是母亲口中说的娇气，而是除了坐骨神经受损之外，还因为自己的脚天生髋关节发育不良。别人走路有骨头支撑，而我只有肌肉支撑。我终于明白了一直以来腿脚走路疼痛感剧烈的原因。

我才刚刚四十岁，为什么糟糕的事情都会降临在我身上？看着医生给我开出的诊断书，我感觉整个世界都变成了灰色。为了不让家人跟着我难过，我尽量让自己显得平静些。

回到家后，我把自己关在屋里哭了很久，后来不知不觉睡着了。我以为我的人生就这么结束了，没有希望了。我本以为自己的心已死，可是当黎明的阳光缓缓升起，照射在我身上，我的心感觉到丝丝温暖的时候，我能感觉到我的心还在跳动。我知道，虽然我可能以后就这么瘫着了，但我还很健康地活着，或许上天让我经历这人生中的风风雨雨，是希望我能够明白生命的意义，让我在痛苦和不幸后对生活充满有着更多的希望。生活还是要继续的，人总是要往前走的，眼泪根本解决不了任何问题。

每个人活着都是因为对生活、对人生充满了希望。对于不幸和灾难，人人都想回避。然而事情往往并不像想象的那样一帆风顺，每个人都有遭遇悲惨和不幸的可能，谁也不是天生就对不幸有免疫的能力。既然不幸避无可避地降临在我们身上，难道我们就要乖乖地接受这份上天派发的"灰色诊断书"吗？

人活着的意义就在于对美好的向往和追求。如果我们身处窘境，那么与其自我沉沦在痛苦中无法自拔，为什么不能给自己一个希望，让自己能够放下眼前的痛苦去追逐更加美好的事物呢？

要知道，我们随时都可能遭受不幸，上天随时会"选中"我们当中的每一个人，我们随时都有可能失去生命中最珍贵的东西。

我们应当时刻准备着直面这样的恐惧和不幸。这样，当我们有一天真的遇到不幸和灾难时，也能够以较为平和的心态去面对最坏的遭遇，并以积极的心态投入接下来的人生，才会让自己的余生在希望中前行。

孟子云：天将降大任于是人也，必先苦其心志，劳其筋骨，饿其体肤，空乏其身，行拂乱其所为，所以动心忍性，增益其所不能。人生中有太多的不如意、太多的困难、太多的不幸，甚至厄运会突然降临。当命运给我们致命一击的时候，也正是上天对我们毅力考验的时候。当我们无法改变现实的时候，只能尽量去改变自己，改变自己的心境，改变自己的适应能力，只要心怀希望，永不放弃，终将迎来新生。

在想明白这些之后，我糟糕的心情缓和了很多，开始变得不再沉沦和沮丧，也学会了向前看，学会了笑纳人生中的一切。

【思考与感悟】

1. 你认为你人生中最黑暗的时刻是什么时候？

2. 在这个时刻，你选择了沉沦还是崛起？

| 来自朋友的好消息 |

> 身体是本钱,健康是财富。身体有了保障,梦想才能插上腾飞的翅膀。

你有没有为了人生追求而忽视自己的健康?在追求事业、追逐梦想的路上,很多人总是觉得自己还年轻,身体还很好,可以经常熬夜,可以超负荷工作,身体能熬得住,吃顿有营养的饭菜就能找补回来。

但这种方式其实是在不断地透支自己的身体。久而久之,身体就会被掏空,这无疑是对身体的一种巨大伤害。

世界上没有比健康更宝贵的财富,健康是拥有一切的前提。我也是在经历了人生最灰暗的时刻后,才深深地意识到健康的重要性。

从医院回来后,正当四处打听哪里有好的医院可以治疗我的病症时,我的一位客户打电话过来,想要从我这里定一批货。他是我多年前就认识的一位胡姓客户,我们经常打交道,后来就从客户成了朋友。

我突然想起来,这位朋友已经有大半年时间没有从我这里拿货了。我就好奇地多问了一句:"老胡,你最近忙什么呢?是不是在哪里闷声发大财呢?"我调侃道。

"嗨,还闷声发大财呢?前段时间刚从医院回来。""怎么了?"我追问。

"你也知道,我这个人出去谈生意经常需要应酬,时间久了,身体就扛不住了。后来去医院检查，医生说我是股骨头坏死。后来才知道，是长期喝酒造成的。"

"那得好好注意身体啊。"

"是啊，不过现在基本没问题了，也正好把酒戒了。"

听老胡说他的股骨头坏死治疗得不错，我想我先天性髋关节发育不良也属于骨科问题，既然老胡康复得不错，那么我的情况是不是也可能有好的医治结果？于是，我向老胡说明了我的情况，老胡力荐我到他之前去的那家医院治疗，他还告诉我那家医院专攻骨科，口碑很不错。

从老胡那里拿到了医院地址，我就像抓住了救命稻草一般，欣喜若狂。然而一想到自己的情况，之前医生说过我已经错过了最佳治疗时间，我又有些担心起来。但转念又一想，情况已经不能比现在更糟糕了。就算治不好，大不了就这样了，还有什么好担心和害怕的呢？哪怕有万分之一的机会都要抓住，不能轻易放弃。万一上天还会怜悯我、眷顾我，让我在医生的治疗下好起来了呢？最终，我还是抱着试一试的心态循着地址找到了那家医院。

很荣幸，负责给我治疗的是医院骨科主任及医院副院长。在接诊室的墙上挂满了锦旗。我想，这次能接受这位医生的治疗，我的双腿应该有救了。

再次做 CT 检查后，医生很快找到了病灶，并敲定了手术时间。

手术进行了一个半小时，进行得还算顺利。等到醒过来的时候，我发现我已经躺在了病房，第一眼看到的是妹妹，她看到我醒了，神情激动，双眼含着泪水。"姐姐，你醒了。感觉怎么样，刀口疼不疼？"还没等我开口，弟弟妹妹们都围了过来，父亲和母亲也在。

手术结束后，我在医院静养了几天。每天，我都遵循医嘱，尝试着让自己的双腿动一动。那天，我突然发现双腿有感觉了，我开心极了，乐得像个孩子。

瘫痪之后，双腿重新有了知觉，让我觉得整个身体都充满了力量，心情也好了许多。大病初愈，我仿佛获得了重生，也因此大彻大悟，要好好爱惜自己的身体，没有好的身体一切等于零。

有人说，财富是实现梦想的一大资本，但我认为最基础的资本并不是金钱和财富，而是身体。当下这个世界，人人都在努力，都在拼搏，为了财富自由，为了权利地位，为了心中的梦想而奋不顾身。很多时候，我们只顾追逐自己的梦想，追求自己的事业，却忽视了身体健康，忘记了身体的承受能力。只有极少数人非常理性，能做到在顾及自己身体健康的基础上追求事业的成功。

如果没有好身体，即便成功实现了财富自由，赢得了权利地位，换来了心中梦想，也难以享受成功带来的幸福生活，甚至还会在生活中有诸多不便。

事实上，从某种意义上来讲，追求事业的成功与爱惜自己的身体并不冲突。好的事业需要仰仗好的身体。用夜以继日的工作换取事业的成功，往往会在事业还没有成功之时，就已经把身体掏空了。等回过神来才发现，身体健康已经不复存在，再也没有精力去拼搏了，此时悔之晚矣。

所以，身体是革命的本钱，好的身体是我们实现人生梦想的基石。无论为了生活还是为了理想，我们都要好好珍惜自己的身体。好身体才是我们努力实现梦想的资本。

【思考与感悟】

1. 你觉得健康重要还是梦想重要？

2. 你会为了梦想全力以赴，还是要量力而行？

3. 你是如何调和这个矛盾的？

康复的喜悦只有自己懂

> 上天完全是为了磨砺我们的意志，所以才会在我们人生的道路上设下重重障碍。

你知道一个人的意志力能够有多强吗？我想，只有经过意志力考验的人才能更好地给出答案。

> 马丽和翟孝伟，他们以双人舞《牵手》一举成名。他们一个缺少右臂，一个少了左腿，但他们却用超乎常人的意志力和舞蹈天赋向人们展示了什么叫作奇迹。
>
> 马克·英格利斯23岁时因为一场意外而失去双腿，但没有成为阻止他继续追求梦想的理由。2006年，他成为第一个登上珠穆朗玛峰的双截肢者。

这样的惊人事例还有很多。他们的成功都是强大意志力推动的结果。

事实上，我也经历过一次人生意志力的考验。

我的手术虽然比较成功，术后静养了一段时间之后，医生检查告知我可以进行康复锻炼了。

有了小时候经历的那场医疗事故的前车之鉴，母亲担心我再次受伤，疑惑地问道："不是说伤筋动骨一百天吗？这才休息了多久，就可以康复训练了？"医生解释道："腿脚承担了几乎人体全部的重量，所以如果手术后只是静养，是无法恢复骨骼强度的，即便伤口愈合，也难以达到很好的支撑作用。只有通过康复训练才有助于更快更彻底地康复。"母亲听后，虽然有些疑虑，但还是默默地点了点头。

由于医院没有康复科，我就只能找其他康复医院进行康复训练。听说桂林有一家医专附院就是专门做残障人士矫治手术康复训练的，我便转院到了医专附院。后来听说广州中山医科大学附属医院康复科很不错，而且各种康复设备齐全。所以我又转院到了那里。

到了中山医科大学附属医院才知道，在这里康复需要花费很多时间，也需要很大一笔费用，家人看出了我的心思，妹妹走过来说："姐，不要顾虑钱的问题。手术已经做了，就差后边康复训练这一哆嗦了。如果就这样放弃了，前面的努力就都白费了。费用问题有我们大家呢。大不了我们几个弟弟妹妹以后养你。"妹妹的一席话把我逗乐了。真的很感谢家人对我的陪伴，感激他们对我的鼓励，在我人生最落寞的时候，给了我温暖、依靠和快乐。

在医院进行康复训练的过程中，医生每天帮助我进行适当的科学的身体练习，并配合相应的针灸治疗，对我的手术愈合和身体功能的恢复起到了很大的作用。

来到广州中山医科大学附属医院进行康复训练的第一天，医生首先全面了解了我的情况后，为我进行心理治疗，引导我积极向上，增强我勇敢面对现实的信心。

心理训练结束后，医生便正式带着我进行运动训练。这对于我的承受力、耐力来说是一个巨大的考验。

第一项训练就是躺在床上，尝试直腿抬高训练，以增加肌肉的力量。因为躺在床上许久，所以这样一个简单的抬腿动作，对于我来说也是太难了，根本直立不起来。在医生的指导下，我尝试借助双臂的力量来做，牵引带的一边绑在双腿上，另一边用手攥着，通过手部力量拉动牵引带，缓缓将双腿抬起。由于双腿使不上劲，所以身体全部的力量都集中在双手上。没支撑几秒钟，我就双臂发颤，坚持不住了。歇了一会儿，就继续重复做刚才那个动作。几次下来，我的胳膊已经酸软无力。虽然做起来很吃力，但我做到了，而且做得越来越好。此后的每一天，我都会循序渐进地增加每组练习的次数，直到每天能坚持做100多次。只要有利于自己康复，再累也要坚持。然而这只是我康复训练万里长征路上的第一步。

连续练习这个动作几天后，我便开始了第二阶段的训练。这个阶段依旧是躺在床上完成训练，但我已经不再需要牵引绳的帮助，而是完全靠自己双臂和背部再配合双腿双脚踩在床上的力量，让自己的下半身能够离开床一定的高度。这个动作对于我来说是有很大难度的。刚开始的时候需要医护人员给我一个辅助的力量，我才能支撑起来。但经过努力练习，渐渐地，我的双腿能稍微用点力气，也可以通过自己的努力支棱起来。当我第一次凭借自己的力量完成这个动作时，我开心地哭了。

此后，便是直腿抬高训练阶段，这个阶段需要完全使用腿部力量，将腿抬起，且左右腿轮换进行。起初，我只能将腿抬高一点点，但即便是一点点，也说明我成功了，这样我也就更有信心做得更好。此后抬腿的高度在循序渐进中增长。这个阶段，医生还指导我配合进行脚踝运动，以便改善脚部的微循环，加快消肿，避免血栓的风险。

在经过前面几个阶段的康复训练后，我感觉自己的双腿和双脚在力量上有了明显的提升。医生根据我每天的训练情况和恢复情况记录进行分析和研判，从而决定我接下来的训练方式和强度。

此后，我的训练难度和强度逐步增加。在从坐位到立位的训练阶段，在医护人员的帮助下，我试图从轮椅上站起来。当我尝试从轮椅上站起来的那一刻，我有些担心，不知道自己能不能做到。同时身体里的另一个声音在质问着我："难道你这是要退缩了吗？难道你一辈子想在轮椅上度过吗？"不，我不想成为那样的人。这辈子还很长，我还有很多事情没有做，我一定要站起来。

也许是因为许久没有下地走路的原因，血液循环不畅通，下肢肌肉也没有力气。所以，在我努力站起来的时候，一个踉跄差点摔倒，好在医护人员及时扶住了我。在掌握了从轮椅上站起来的要领后，我便自己尝试站起来。我先把轮椅调到平衡杠前适合的位置，然后双手紧握平衡杠，借助身体向前倾的惯性，带动整个身体离开轮椅。一次没有成功，我又尝试了两次。终于，我站起来了，虽然整个身体的重量全部靠双手和双臂支撑着，双脚并没有完全着地，但这已经足够让我开心。

没坚持几秒，我的双臂就感觉支撑不住了，我甚至感觉整个手臂的青筋都要爆裂一般。于是，我尝试双脚着地，将身体的一点重量分给双腿和双脚。双脚刚着地，撕心裂肺的疼随即而来，整个人在不住地颤抖，细细密密的汗珠瞬间布满额头。实在坚持不住了，我又重重地摔倒在地上。

妹妹看到我努力的样子，心疼极了，想要过来扶我，但被我拒绝了。这个世界上，有人帮助固然是好事，但更多的路需要自己坚强地走下去，没有谁能帮自己一辈子。我咬咬牙，艰难地爬起来，坐上轮椅，重新练习起来。就这样，摔倒了，爬起来，坐上轮椅，重新练习站立，也不知道重复了多少次，整个人又累又疼，衣服被汗水湿透了，第二天重新再来。我感觉这段时间仿佛进入了人间炼狱，所有的疼痛和汗水都是上天对我意志力的一次巨大考验。

转眼间，来医院进行康复训练已经将近半年时间了，我的腿部、脚部力量也恢复得很不错。没有双手支撑，虽然也比较吃力，但也可以站立一段时间了。这段时间的努力没有白费。我想，这就意味着我离恢复正常又近了一步。我的不懈努力让我比同样情况的患者恢复得快了很多，医生也认为我可以尝试练习行走了。

想到自己马上可以走路了，我心里并没有着急。因为我在决定做康复训练的时候就已经知道这是一场旷日持久的"战争"，着急反而不利于康复。

经过一年多的训练，我终于可以在行走辅助器的辅助下走路了。步子迈得小了些，但走得也更加稳了些。当我尝试彻底不借助辅助器，完全靠自己的身体平衡来走路时，感觉自己就像回到了小时候最初练习走路的样子，有些踉跄，但我成功了，我可以像以前一样走路了。

此时此刻，我仿佛觉得自己重生了一般，喜悦由内而外地绽放。但我想，这种喜悦只有自己亲身经历过、感受过才深有体会。

经历了从瘫痪到康复，让我明白了一个道理：所有的成功背后都隐藏着无数不为人知的汗水和泪水。每一次挣扎、每一次跌倒再爬起来，所有的辛苦和汗水都在我能够成功走路的那一刻得到了回报。经历了这场复健的路，我真真实实靠自己的意志、经历了磨练才收获了重生，我也比以前更加坚韧了。

【思考与感悟】

1. 你觉得自己的意志力是否坚强？

2. 你有没有经历过一些令你难忘的考验？

第九章

品牌创建的那些事

一个企业，要想在市场中真正立稳脚跟，真正拥有话语权，就必须创建自己的品牌。尤其在当前这个商业时代，品牌的力量更加不容忽视。好的品牌代表着品质，具有可识别性，就像是夜空中璀璨的星光，让人一眼就能看到。认识到这一点之后，我在创建品牌的过程中，也经历了许多不同寻常的事。

树立品牌意识

> 创业,每走一步都如履薄冰。成功的创业者往往懂得广开言路,懂得交流、学习和借鉴。

你知道品牌意识有多重要吗?做企业就好比是一个人进入社会一样,我们要想在圈里子混得开、站得稳,首先要给自己树人品、立人设。同样地,一个企业要想在市场中如鱼得水,站稳脚跟,也需要为自己树人品、立人设。只不过,对于一个企业来讲,这里的"人品""人设"最终就体现在品牌上。换句话说,就是要将企业品牌化。

品牌意味着广泛认知,意味着基业长青。提起可乐,可口可乐已经成为该品类的代名词;提及凉茶,王老吉就是代名词;说到游乐园,迪士尼就是代称。

正如可口可乐第二任总裁罗伯特·伍德鲁夫说过的一句话:即使可口可乐的工厂被大火烧掉,给我三个月时间我就可以重建完整的可口可乐。可见品牌对于一个企业的重要性不言而喻。即便大火能够烧掉整个公司,也可以花钱立马重建。其原因就在于品牌已经建立起了顾客对可口可乐的强烈认知,烧得掉工厂,却烧不掉这种认知。

对于这一点,我也是后来才明白的。

从开始休息到康复训练结束,我的工作耽误了一年多之久,之前的很多客户关系也没有好好维护，所以客户流失很严重，再加上这一年多时间市场变化之快，是我想象不到的。

首先，产品不断更新换代；其次，顾客需求发生了变化；最后，商业模式在不断创新中演进。虽然生意一直有人在帮我打理，但在我治疗的这段时间里，生意已经大不如从前了，而且我已经和这个市场几乎完全脱轨了。

所以，从医院回来之后，我便开始学习、调研、寻找合作、联系之前的老客户，想要让自己的生意起死回生。

一次，在与延吉的一位代理商聊天时，她向我提起一个叫作A产品的品牌，主打美容、美体项目。虽然在2009年才成立，却凭借做高科技仪器与产品相结合的零售批发商业模式，生意在短时间内做得风生水起。

有如此好的上游企业，何不将其经营模式借鉴学习一下呢？我从延吉这位代理商那里拿到了A产品品牌负责人的联系电话，希望能够去A产品实地考察一下，并从这个品牌那里取取经，或者谈谈合作。

很快，我就跟张博取得了联系。电话中，对方操着一口很有磁性的东北口音，从谈吐中能够感觉到他是一个性格十分爽朗的人，我们聊得也很愉快。张博看我很有诚意合作，但他并没有着急谈合作的事情，而是邀请我先到他们公司考察，觉得他们的项目好再谈合作。

能看出，张博是个实在人。约好时间后，我便决定亲自去考察一番。

经过考察后，我发现A产品的确做得很不错。首先，A产品有好的产品；其次，A产品有好的品牌定位。这两点就为A产品树立了良好的品牌形象，更成为A产品的核心竞争力。

通过这次实地参观、互动交流，我认真了解了A产品的商业模式，也"取到了真经"，更明白了品牌对于一个企业、一个公司发展的重要性。前些年在事业上的打拼，虽然让我尝到了创业的甜头，实现了财富自由，但终究没能在市场上留下什么知名度，就是因为没有打造出一个响当当的品牌。

看到 A 产品的实力后，我决定与其合作。当时，我就付了定金。我先从 A 产品购买了一台家用电动按摩仪，如果后期使用效果好的话，再加量购买。

在我返程回到桂林之后，电动按摩仪也随后到店了。接下来，我便开始酝酿给自己的美容院创建一个响亮的品牌。

> 小米科技在创建之初，其联合创始人就有很强的品牌意识。一天，几个联合创始人聚在一起头脑风暴，饿了的时候就围在一起喝了小米粥，然后雷军就突然想到，干脆将公司命名为"小米"好了。由此创建了小米这个品牌。
>
> 关于将品牌命名为"小米"，雷军的解释是：
>
> 在公司创建的时候，手机领域国外已经有三星、苹果、索尼这样的巨头，而且国内还有华为、中信、联想这样知名的手机品牌。在这样的国内外竞争格局下，自己的公司压力很大。雷军希望自己的团队能够发扬艰苦奋斗、不怕苦、不怕累的精神，还要有小米加步枪的创业精神。
>
> 事实上，几位联合创始人在此之前，在品牌命名的问题上思虑了良久。在公司筹办的时候，有人提议将品牌命名为"红星手机"，可是已经有红星二锅头这个品牌了，最后也就作罢。

小米科技几位联合创始人，从公司创立之初就有极强的品牌意识。也正是由于这种强烈的品牌意识，小米科技一直能够发扬艰苦奋斗的创业精神，很好地推动了小米科技的不断发展与壮大。

【思考与感悟】

1. 你认为创业创新重要还是模仿重要?

2. 你会怎么选?

| 幸得贵人相助 |

> 只要你足够努力，幸运和福气就会来敲门。

你相信努力和幸运成正比吗？答案是肯定的。没有无缘无故的成功，也没有莫名其妙的幸运。所有的事情必定先有因后有果。

当然，客观因素是存在的，但一个人的成功与幸运，与自身的主观能动性紧密相连。如果成功的阶梯离你只有一步之遥，你走完了前面的99步，却在最后一步放弃了，那么成功和幸运只能与你失之交臂。

从心理学角度来讲，努力能够给自己带来一种积极的心理暗示，你的积极心理暗示越强烈，表现出来的就会越真实。这一点其实很好理解。我们做任何事情，如果没有努力就成功了，总会心里感觉没底，那么你的"心虚"就会让你的影响力大打折扣；如果自己做一件事情全身心投入，即便结果没有你想象中的那么出彩，你也能用自己努力的状态去感染别人，迎来好运的降临。这一点我深有体会。

从济南回来之后，我一直觉得A产品的经营模式很不错，不但有产品，还有相关仪器配合销售。A产品一下拓宽了我的经营思维。我为什么不在原有的单一依靠产品做美容的过程中，配合仪器设备进行美容技术提升呢！

如今已经是科技创新时代，只走老路是行不通的，会逐渐被市场淘汰。既然身处这个大好时代，何不把握机遇，将科技创新作为全新的赛道？

想到这里，我眼前一亮，为自己的美容院找到了全新的出路。

从 A 产品买回来的那台家用电动按摩仪，主要是通过按摩治疗的方法帮助患者减轻相应的症状，如改善肠胃功能，促进新陈代谢；提高睡眠质量，缓解疲劳；舒筋活络，促进血液循环等。因为只有一台设备，所以顾客只能预约体验。使用了一段时间之后，很多顾客都反馈效果不错。

看来，投入科技产品进行经营模式创新的路子是可行的。我也计划着逐步将这一模式在其他店里推行。

这个时候，从一个朋友口中得知，我认识的一位大哥，他听说这几年美容行业中有关美容设备的市场需求很大，很有前景，就准备自己开工厂。

听到这个好消息，我心中窃喜，老天真的很眷顾我，正当我想要全面铺开上设备时就给了我一个绝好的机遇，让我恰好能遇到这么一位贵人。我也是一个有机会就自己争取，并且无论结果如何从来都不会放过任何机会的人。于是，我迫不及待地拨通了这位大哥的电话。聊了几句后，确定大哥有开工厂的想法，我便毛遂自荐，想一起合作。没想到，大哥慨然允诺。我做事从不拖泥带水，很快就给大哥打了款。

我对设备的生产程序等完全不懂，也充满了好奇。为此，大哥专门请了一位这方面的专业技术人员作为合伙人之一。于是，我们三个合伙人把这项事业做了起来。

2014 年年底，我们生产出了自己的美容仪器。因为前期投入了很多资金，到了后期虽然打造出了成品，但也已经到了"弹尽粮绝"的地步。为了获得流动资金，我们每销售一台仪器，就要亏损几百元。所以，没有任何利润可言。但是，为了在市场上闯出一片新天地，为了让工厂能够持久生存下去，就得创新。

没想到的是，这一年国家开始进行产品规范，之前刚做的产品备案全部作废，所有的产品必须重新进行备案。正应了那句话："屋漏偏逢连夜雨，船迟又遇打头风。"

政策要求 2015 年 6 月份之前，所有的产品都要备案完毕，所以我们抓紧时间对所有产品重新备案，同时也需要打造出全新功能的仪器设备。

此时，我生命中的另一位贵人梁峰出现了。那天，我正手里拿着一叠厚厚的资料去一家仪器生产厂家那里准备与厂家洽谈仪器生产的相关事项。在楼道的拐角处，由于我没走稳，一个趔趄差点摔倒，手中的资料随即散落了一地。旁边的一人赶紧过来帮我捡起散落在地上的资料，他看了一眼资料，便问我："你是来洽谈生意的吗？"我一心想着谈拢生意，眼看离预约的时间就剩下两分钟，就直接回了一句："嗯，谢谢。"随即便拿着这些资料走进了业务室。

没想到，这场商务洽谈并不成功。原因是我想要的仪器设备在功能、品质方面的要求很高，而仪器生产厂家给出的报价远远超过了我的预期。要知道，每台仪器价格高出一点点，所有仪器的购买费用加在一起就是一笔惊人的开销。所以，我当时并没有与仪器生产厂家签合同，表示回去再考虑考虑。

洽谈没成功，我一脸惆怅地走出业务室。走到大厅时，我依旧自顾自地往前走，突然有个高大的身影出现在我面前。"姑娘，没谈妥吗？"我一抬头才发现，他就是刚才帮我捡资料的那位先生。"是啊，厂家报价太高。""我刚才帮你捡资料的时候，瞧了一眼，发现你的仪器设备工艺水平高，设计精良，非常不错。我这倒是有一个厂家，能满足你的需求，而且价格也靠谱。不知道你感不感兴趣？"我一听，感觉整个人的沮丧瞬间消失了。

后来，我才得知这位先生的名字叫梁峰，他看我身体羸弱，腿脚还不利落，却独自一人出来找合作。也许是被我的这种精神打动了，他主动过来询问情况，表示可以为我提供一些帮助。他久经商场，认识很多生意人，可以帮我介绍了一些有需求的公司。

此后，在梁峰的帮助下，我找到了仪器厂家，同时帮我生产出了物美价廉的更高品质的仪器。我的事业从此上了一个台阶，也越做越好。

梁峰好似及时雨，在我最难的时候给予了我极大的帮助，让我少走了很多弯路。他的这份恩情，我终生难忘。

> 徐悲鸿出身贫寒，在十九岁的时候，父亲不幸离世。此后，徐悲鸿就不得不出来闯荡，到上海谋生。由于在上海举目无亲，徐悲鸿找工作也处处碰壁。好不容易有一个去应聘做插画师的机会，但被告知这个名额已经被他人挤占。使得徐悲鸿失去了一个很好的机会。不久他便花尽了身上的所有盘缠，连每天的温饱问题都难以解决，还因此欠下了一些债务。
>
> 身处走投无路的境地，再加上因名额被顶替的挫折，徐悲鸿在悲愤交加之下，便有了轻生的念头。此时，商务印书馆的一位小职员黄警顽恰好遇到了正要跳下黄浦江的徐悲鸿，便将他拉了回来。黄警顽成了徐悲鸿人生中的第一个贵人。黄警顽得知徐悲鸿的情况后，将徐悲鸿推荐给精武会。在为精武会画了一套体育挂图——《弹腿图说》之后，便获得了人生中第一笔丰厚的收入。
>
> 此后，徐悲鸿的高超绘画天赋被越来越多的人所知晓。有一位叫黄震之的商人非常欣赏徐悲鸿的才华，便给徐悲鸿提供住处和救济，还买下了徐悲鸿的很多作品，并资助徐悲鸿到复旦大学进修。在第二位贵人黄震之的帮助下，徐悲鸿解决了生活困难的问题，还得到了提升自我文化素养的机会。这使得徐悲鸿的画作水平得到了大幅提升，受到了更多人的关注。

> 徐悲鸿在一家大学任教期间，有幸认识了康有为。康有为无论在书法、绘画，还是国学、金石方面都有很高的造诣。所以二人一见如故。康有为十分怜惜徐悲鸿的才华，便将徐悲鸿收为关门弟子，并将自己的绝学倾囊相授。康有为的绘画艺术熏陶，为徐悲鸿日后成为国际有影响力的绘画大师奠定了坚实的基础。
>
> 徐悲鸿一生中有多位贵人相助，可以说是一个奇迹。

生活中、工作中，我们往往会遇到很多困难，幸得贵人相助为我们解决难题，才使得我们能够快速走出困境。在这个世界上，能够遇到真心待你、尽心帮你、素不相识却出手相助的人，便是最大的福气和幸运。

生活中，有些人总是喜欢把自己的失败归咎于"运气不好"，把自己的碌碌为为归结于"没有贵人相助"。他们总是把问题推到外界的影响力，却没有从自身找原因。

我想，如果我当时没有大热天出去贴销售宣传单，我也不会有机会遇到梁峰这样的贵人。所以，幸运和努力是挂钩的。哪有什么天生的好运气，哪有所谓的天上掉馅饼，只不过是遇到的贵人和好运气都藏在你积攒的努力里。

【思考与感悟】

1. 你的人生中有贵人相助吗？

2. 你认为成功做好一件事，是因为运气好吗？

创建自己的品牌

> 世界上没有两片相同的叶子，要想成为独一无二的品牌，就要保持自己的风格。

你有没有创建品牌，包括个人品牌和企业品牌的经历？很多事情真的是说起来容易做起来难。作为品牌创始人，我不但肩负着企业品牌的建设，还需要做好个人品牌打造。尤其是近几年，品牌建设受到越来越多企业的关注，企业的竞争很大一部分在于品牌的竞争。一个没有品牌的企业，在市场中岌岌无名，会走得很艰辛，也不会走得太远。

因为我从小就有较强的审美理念，知道穿得好看、打扮得漂亮可以让一个人变得自信，而且我从小就身患残疾，看起来十分脆弱，风一吹就能倒下，但我的骨子里是十分顽强的。这就好比蒲公英，花开之后看似非常脆弱，但种子随风飘扬，落地生根后就能表现出极为顽强的生命力。所以我给美容院起了一个很好听很贴合我自身的名字——"蒲公英"，打算再创辉煌。

2019年我在广州以"蒲公英"之名注册了蒲公英美容科技有限责任公司。我们的经营范围也从最初的美容服务拓展到了化妆品批发、健康咨询、第二类医疗器械销售、机械设备销售、卫生用品和一次性使用医疗用品生产、技术推广与转让等。此外，我们在保持产品和服务品质的基础上，还为品牌做了精准定位和广泛宣传，将品牌植入消费者心中。

有了自己的品牌后，我的公司明显有了独特性和可识别性，也与竞争对手形成了鲜明的差异。可以说，品牌是企业行走市场的最好身份证明。有了品牌之后，我的公司在广大受众群体当中的知名度一下子就提升了，市场也很快打开，逐渐赢得了更多的客户。

在这里，我分享一些创建品牌过程中运用的一些有价值的品牌策略：

1. 构建好的品牌文化

品牌本身是一种虚拟的东西，它的精神或文化也必须是一些既能给受众留下深刻印象的元素，又要具备一定的价值观，能够引发受众情感共鸣。价值观往往需要在企业与受众当中共存，并能得到受众的认可。借助这个价值观去影响受众，得到受众的认可，有助于提升企业的品牌形象，受众才会心甘情愿地成为企业的粉丝。

我所创建的"蒲公英"美容科技有限责任公司就是一个很好的例子，不但通过蒲公英的形象在受众心中留下深刻印象，还能引发共鸣，激励每一位爱美人士获得更加顽强坚毅的人格。

> 花西子，是很多女性喜欢的知名国货品牌。在创立之初，花西子就一直不断挖掘中国文化中的美学元素，并将其融入到产品设计当中，使得产品具有浓浓的中国风、东方美特色。
>
> 花西子的创始人花满天，发现几千年前，古人利用植物花卉、动物油脂来修饰自己的妆容，于是他以此作为品牌文化，打造了花西子的品牌故事。故事内容是：在江南西湖之畔，有一位出身医药世家的女医师，名叫花西子。她不仅琴棋书画样样精通，还身怀卓越的医术。因为爱美，又懂得医术，花西子就在闲暇之余泛舟西湖，将采摘来的荷花搭配草药，做成胭脂水粉。

> 花西子通过塑造与品牌文化紧密关联的品牌故事,更好地阐释了"东方之美"的文化内涵。

2. 构建较高的品牌忠诚度

品牌忠诚度是品牌策略不容忽视的重要层面。品牌忠诚度就意味着粉丝对品牌的认可程度。得到受众的认可,才能激发受众成为企业的消费者和代言人,为企业引来更多的流量。

3. 树立远大的品牌目标

远大的品牌目标是一个企业的愿景,也是一个企业的发展方向。企业的远大目标,如成为世界五百强、为更多的人带来健康和自信等,这些都可以更好地向社会展示企业的良好形象,得到更多人的认可。

总之,在发展过程中,企业一定要有品牌意识,这是企业腾飞的前提。

【思考与感悟】

1. 你对品牌的意义有什么独到的见解?

2. 你有哪些创建品牌的好策略?

吸引力法则让企业不断壮大

> 吸引力法则：你若盛开，蝴蝶自来；你若精彩，天自安排。

你相信吸引力法则吗？你有没有注意到，一个内心阳光的人，身边聚集的都是乐观积极、豁达开朗的人；一个充满正义感的人，身边聚集的都是热心帮助别人、喜欢见义勇为的人。这就是吸引力法则：你会遇到谁取决于你是谁。这就是"物以类聚，人以群分"的原因。

每个人都有一种看不见的力量，这种力量具有十分强大的吸引力，能够把更多的人吸引过来，影响你生活、工作的圈子，影响你的运气，进而影响你的整个人生。

如果你足够努力，敢于拼搏，那么你就会吸引好的事情，吸引好的运气；如果你太过脆弱，充满负能量，那么不好的事情总会发生在自己身上，做什么事情都感觉不顺，甚至连喝水都会感觉塞牙。我对这一点深信不疑。

> 他是一个木匠的儿子，但他从小就酷爱写诗。他的第一本诗集印刷了1000册，但一本都没卖掉。后来，他把这些诗集都送了人。当时，已经在诗歌领域十分著名的诗人朗费罗、洛威尔等人根本瞧不上这本小册子，在他们眼里，木匠的儿子根本就不配写诗。

> 这样的情形，让这位木匠的儿子内心十分沮丧，但他却有一颗不轻易放弃的心，依然坚持创作。有一天，他意外地收到一位诗人的来信，那位诗人无意间看到了他写的诗，对他赞赏不已，表示十分看好他的才华。
>
> 在获得真诚的夸奖和赞誉之后，这位木匠的儿子就像看到了希望的曙光，也由此坚定了自己写诗的信念，此后便更加发奋写诗。多年后，他也成了一名家喻户晓的伟大诗人，并被记录在人类诗歌史册。他就是华尔特·惠特曼，他的那部诗集名字叫《百草集》。当时给予他鼓励和赞赏的人，就是诗歌文坛赫赫有名的爱默生。
>
> 虽然华尔特·惠特曼在不屑、轻视的境遇下依然能坚持创作，也正是由此才有幸被爱默生发现和赏识。爱默生的鼓励和赞赏激起了华尔特·惠特曼的创作激情，也成就了辉煌的自己。

在"蒲公英"美容科技有限责任公司正式创建之后，我把办公室设在了东莞。发货事宜由我全权负责。在上半年忙的时候，我就在东莞向全国各地发货。下半年工作不怎么忙的时候，我就将仓库搬到了桂林。

那一年，我的整个人生事业开始进入上升期。"蒲公英"就像在历经风雨飘摇后，终于找到了适合自己扎根的沃土，然后在接受甘霖浇灌后破土而出，茁壮成长。

虽然当时公司员工并不是很多，但在大家的共同努力下，一往无前的进取创新精神将公司的发展推向了一个更新的阶段，开创了一个全新的发展局面。

"蒲公英"的成长和壮大，让很多同行看在眼里，羡慕在心里。甚至有很多人想要加入我们的队伍。

有一次，我去延吉出差。从桂林出发的时候天气比较热，有二十几度，到了延吉温度低到了将近零下 30℃。可能是温差的原因，再加上我的体质本身就弱，难以适应这样的温差，所以我得了肺炎，并且持续了三个月。

后来，我实在扛不住了，就提前回到了桂林。在临走之前，之前在生意上给了我很大帮助的胡老师，看我做什么都能做出个样子，就表示想要加入我的团队。

当时，公司的经营模式其实早就形成，只是我身边只有四五个员工。胡老师加入后，也带了几个人过来，就这样，我们的队伍壮大了起来。为了表示对胡老师的感谢，我还将 50% 的股份给了他。

年底的时候，"蒲公英"举办了一场盛大的代理商培训会。这场培训会吸引了全国众多的代理商前来参加。对于这场培训会，我也十分重视。从场地选择，会场布置，培训 PPT 课件制作，到接待事宜，每一个环节都全力投入，力求将每个细节做到完美，没有疏漏。为了这场培训会，我足足准备了半个月。

在培训活动正式开始那一天，我一面是兴奋，一面是紧张，毕竟这是我生平第一次登上讲台做培训。在"实战"的过程中，我也经常因为紧张而"卡壳"，但终究都被我机智地化解了。

那天的培训做得很成功。在培训结束后，从大家热烈的掌声中就能知道这次培训确实受到了大家的肯定。我想，我又一次得到了成长，也再次证明了我的能力。

当初创建"蒲公英"的时候，我就暗下决心，要做就一定要把"蒲公英"做好，做出个样子来，甚至要超越同行。

我是一个有野心的人，我更知道一个人要时刻保持野心，这样才可以让自己不再平庸，让自己朝着色彩缤纷的人生攀登。

长久以来，人们的传统意识当中，认为"野心"只是男人的标配，有野心的男人往往对事业有强烈的进取心。但我作为一名女性，同样表现出强烈的野心，我不愿安于现状，更不愿将就着度过此生。我在野心的驱使下变得更加雷厉风行，对成功的渴望更加强烈。当一个人决定一定要成功的时候，他的潜能才会真正被激发出来。事实上，很多时候，我们认为不可能的事情，只要下定决心，立刻就会变得简单很多。

培训会结束后，让我意想不到的是签约的代理商数量远远超乎我的想象。

随着产品市场占有率的显著提升，"蒲公英"不断壮大起来。

吸引力法则，就是当一个人的思想、精力聚焦在某一事物上的时候，与之相关的人、事、物都会被吸引过来。这就好比是一块磁铁，当磁场足够强的时候，周围与之相关的有磁性的东西都会被吸附在一起，而且磁性越强，能够吸引的物体就越多。

这个世界上，最厉害的法则就是吸引力法则。如果你拥有足够强大的力量，就能产生强大的威力。吸引力法则对每个人都会产生作用，而且无时无刻都会产生。所以，不管你学没学过，现在一定要开始重视和学会将其利用起来，为你走向辉煌的人生助一臂之力。

【思考与感悟】

1. 你有没有利用过吸引力法则来实现自己的愿望？

2. 你是通过什么去吸引他人的呢？

来自合伙人的背离

> 生活中，有些事情需要我们去遗忘，有些事情需要我们去宽容。以德报怨，不计前嫌，是一种智慧的人生哲学。

人们总说，天塌下来是最大的灾难，但我觉得人生最大的灾难是一场没有硝烟却能无声无息吞噬心灵的战争。

正当我的事业一步步上升时，公司也迎来了多事之秋。我的好搭档胡老师突然告诉我他不想做了，他想休息一段时间。我本来以为是最近一段时间工作太累了，只是单纯地理解为胡老师只是想要简单地休息一下，然后重振旗鼓，干一番大事业。所以，我和胡老师约了个时间，我希望我能好好安抚胡老师。然而，让我意想不到的是一场关于前景的暗涌正在悄悄袭来。

第二天，我原本在广州有一个员工培训活动要去参加。所以，一早我们聚在一起，一番谈话后，我才得知胡老师说的"休息一段时间"的真正意思。原来，他是想从公司直接撤出去。

这个消息太突然了，也太让我感到吃惊了。怎么也想不到，当初想要加入我的团队的胡老师，如今提出要撤出。我想尽一切办法努力想要留下胡老师。因为胡老师加入后，一直负责培训，无论公司还是代理商，都对胡老师有了信任。如果胡老师离开了，"蒲公英"的发展将会受到很大的影响。"蒲公英"就像是我的孩子一样，从孕育，到诞生，到成长，每个环节我都经历了，都见证过。天下有哪个母亲愿意看着自己的孩子"夭折"呢？

因此，为了"蒲公英"，我退而求其次，甚至愿意把"蒲公英"拱手相让，交给胡老师来经营。可是即便如此，我还是被拒绝了。胡老师表示自己已经厌倦了出差、上台讲课的生活。他想要离开的态度很坚决，拿了两份退股协议让我签字，还带了一个会计过来查账。

我通知财务将公司流水账目交到他手上。在盘点完库存、核算完公司现金流之后，胡老师毅然决然地说："我不做了，要退出。你只需要付给我二十万现金即可。"

我对胡老师的这份决绝也是无话可说。签了退股协议之后，我在第一时间给他转了相关款项。然而，事情的大转折还在后面。

此后第三天，在一场全国招商会议上，我见到了胡老师，那时才从我朋友口中得知了所有的消息。原来，他与我签订了退股协议当天，就去了我朋友的工厂，与他签订了合作协议，付了五十万的入伙资金。而且对于加入朋友合伙人这件事，他在好几个月前就已经开始筹备，只是所有的事情只有我蒙在鼓里。

得知这样的消息后，犹如遭遇了晴天霹雳，整个人都要崩溃了。我总是希望自己做人做事以诚相待，如今却遭受了一直信任的胡老师的背离，感觉内心很是难过，像是吃了黄连，满口苦涩。但我只是告诉自己，胡老师离开了，我该想办法把培训这一块业务继续做好，甚至做得更好。随即，我便去赶火车，忙广州的事情。

为期五天的员工内训结束后，一位员工告诉我，胡老师新进的工厂生产仪器出了问题，没办法达到很好的要求和标准，无法给客户正常配货。如果未按时配货的话，将会承担一大笔损失。

听到这样的消息后，我赶紧联系我合作的生产仪器厂家，让负责人给胡老师的弟弟打电话。这样就帮胡老师稳定地渡过了难关。仪器厂家说我傻，而我所想到的就是大家合作一场，我不想把对方当仇人，我愿意为他做些力所能及的事情。

员工看到我并没有因为胡老师的中途离开而有丝毫怨恨，还在胡老师困难的时候伸出援助之手，都疑惑地问我："邓总，您用真诚、真心对待胡老师，胡老师却毫不留情地背离了您。换一般人的话，一定会感到十分心寒的。如今上天都看不下去了，要给您报他的背离之仇，您怎么还帮他呢？"

我只是觉得滴水之恩当涌泉相报。起初，我能够顺利做好培训工作，胡老师给了我很大的帮助，也给了我很大的自信。如今，他在台上做培训的时万丈光芒，我很开心。我选他做合伙人，我也没看错人，他的确是个人才。只是我们彼此之间的信仰不同，所以大家追求的目标也不同。

> 我曾经看过这样一则报道：
>
> 一个年轻小伙，辞去了铁饭碗工作，找同学借了5万元，便和自己之前的同事在家乡当地的城中村创办了第一家制服公司。两张桌子、一台电脑就开始了创业之旅。
>
> 历经半年时间，好不容易公司上了正轨，开始盈利。没想到的是，合伙人出去洽谈业务便就此人间蒸发。后来，几经打听，得知合伙人私藏了货物，还在外面另起炉灶。小伙十分愤怒，自己对合伙人如此信任，却遭受了合伙人的背叛。于是，他便怀着一腔孤勇，去找那位合伙人。几经辗转，好不容易在一家医院找到了合伙人。在面对面聊了之后，小伙得知合伙人的境遇：母亲在两个月前身患急症，急需一大笔钱来治疗，于是就动了歪心思。小伙本来是追来讨个说法，讨回原本属于自己的东西，结果在亲眼看到合伙人母亲的糟糕病情后，便

> 动了恻隐之心，放下了心中的怒火。合伙人也向小伙认了错。小伙叮嘱合伙人，要保管好这批货，这是公司承诺向客户供的货，不能就此言而无信。还主动拿出自己积攒的部分存款，帮助合伙人。合伙人对小伙的既往不咎，对小伙的不吝相助铭感五内，也对自己的行为愧疚不已。后来，他请求小伙，希望能给自己一个与小伙再度合作的机会。小伙以包容之心给了合伙人一次机会。此后，合伙人更加兢兢业业做事，帮助小伙将事业越做越大。

我们并不能保证每一个自己真心对待的人最终都能忠诚于我们，能够和我们风雨同舟、并肩作战；也不能保证我们真诚的付出就一定能得到对方很好的回馈。但是，我们一定要保持用乐观豁达的心态去对待周围的每一个人，这样这个世界才能变成美好的人间。

【思考与感悟】

1. 你有没有被人背离或背叛过？

2. 你当时是一种什么样的感受？

3. 你最终选择了宽容待之还是冤冤相报？

事业迎来高光时刻

> 人生，活着就要有信念和信心。没有坚定的信念和信心就不配拥有成功。

你是否也会在失败后还继续坚持而被人嘲笑是傻子？很多时候，在人生的道路上会遇到很多困难和挫折。有的人咬咬牙，坚持一下就熬过去了，也到达了成功彼岸。有的人却没那么幸运，但还依旧坚持着，因为他相信也许下一次尝试就蕴含着成功。

后者往往被认为是傻子，但也正是因为傻子的傻坚持，最后却成功震惊了所有嘲笑过他的人。

我看过这样一个小故事：

> 在非洲茫茫无际的戈壁滩上，有一种小花叫依米。它的花期非常短，仅仅能开两天时间，便会随着母株一起消亡。但依米花为了能和其他花一样绽放自己的美丽，付出了很大的努力。
>
> 戈壁滩上水源稀少，只有根系非常庞大的植物才能生存下来，而依米花的根却只有一条。为了获得赖以生存的水源，它通常需要花费五年的时间让自己的根茎深深地插进地里。这样，慢慢积蓄养分，到了第六年的春天，它才有机会在地面显露出惊艳世人的美丽，开出一

> 朵朵小小的四色鲜花。别的植物看到依米花几年如一日地坚持着，都嘲笑它的傻坚持。为了绽放的这一刻，依米花一坚持就是六年，那一朵小小的鲜花正是它用坚持奋斗的汗水浇灌而成的。

在坚持不下去的时候再坚持一下。我们做一件事情、追求一个梦想的时候，需要的就是这种不计眼前得失的"傻坚持"。因为傻，所以才有一股子不达目的不罢休的气势，才有一股脑的冲劲，最终才能收获应有的回报。

我在发展事业的过程中，也像一个傻子一样"傻坚持"过。但也正是因为自己的"傻坚持"，让我的事业迎来了高光时刻。

有一次，公司在云南开了一场招商会，开得非常成功，这更加激发了我的野心。

接下来，我看准了湖北市场，就在湖北做了一个月的招商活动。打了一场漂亮仗之后，我便转战湖南市场。

湖南的招商会上来了一百多家代理商，场面十分壮观。所有人在了解了我们的产品之后，对我们的项目产生了浓厚的兴趣，并且当场就签订合作的达到80%。这是我始料未及的，没想到能取得如此好的效果。也正是这个时候，我认识了我如今的丈夫，而且还收获了三员大将：胡毅、刘璠、王华飞。

这三员大将有两个是外行，很多人不理解，说："选一个未涉猎美业的小白，一个不懂当地市场的人做代理，他们能干出什么花来？这样的人你也敢用？"

其实，这个世界上，没有谁天生就是做生意的天才。很多人能够取得成功都是凭借自己的聪明才智加上后天努力实现的。只要对事业有极大的野心，对事业非常狂热，能吃苦，注定能成为越来越上进的人。我也正是看中了他们的才华和能力，以及做事不服输的那股倔劲，这也正是我想要的。

胡毅和刘璠在第一年做市场的时候，我就放开手让他们自由发挥，而他们在这段时间里可以说是在摸索着前行。就这样，半年多过去了，他们不但没有赚到钱，还赔进去好几十万。

做了亏本生意，他们二人都十分沮丧，觉得愧对于我对他们的信任。所以，他们就过来主动请辞，然后表示日后想办法把之前亏掉的好几十万给我补上，但我并没有同意。

"很高兴，我当初没看错人。你们是两位有担当的年轻人，岂能因为一时的失败就此轻易放弃呢？做生意就是有盈有亏的事情，赚钱的时候，我们不要膨胀；亏钱的时候，我们也不要丧气。心态一定要好，才能有翻身的时候。"

果然，在我的鼓励下他们重新振作起来，然后改变了方针和战略，仅用了两个月就将生意扭亏为盈。

就这样，湖南市场的大门一下就打开了。此后，我看准了湖南市场蕴含着的巨大前景，就专门在湖南开了分公司。在胡毅和刘璠的带领下，整个公司也迎来了高光时刻。

当时，我执意要选择两个年轻小白来做招商工作，在很多人看来或许会觉得我傻。如今，两个小白已经磨练成了久经沙场的老手，并将生意做得风生水起。这完全证明我选人的眼光十分独到。再加上用人不疑，疑人不用的原则，最终一切都朝着我想象的方向发展。

随后，公司专门聘请了品牌管家。品牌管家的加入使得以前的企业文化以及我之前掌握的碎片式专业技术得到了很好的整理，并总结出了一套十分专业的品牌管理系统。有了这套品牌管理系统，就能让所有的代理商更好地明确"蒲公英"的品牌经营理念、品牌文化等，从而为"蒲公英"塑造更好的品牌形象，让更多的代理商更好地了解"蒲公英"，爱上"蒲公英"。这也是我成立"蒲公英"以来一直想做的事情，如今我成功做到了，也带着"蒲公英"走上了巅峰。

我们无论做什么事情，如果想要主宰自己人生的方向和前景，就必须坚守自己的信念，对自己的决策时刻充满信心。换句话说，就是在自己的想法和别人的意见之间，有一个坚定的判断，否则我们很可能会在人生的道路上失去自我。一个能够在别人的流言蜚语中、在事态发展的强烈压力下，依然坚持原则和主见的人，往往能在人生路途中有自己的判断和坚持，表现出难能可贵的高贵。

> 曹德旺出生在一个富有的家庭，父亲是上海著名百货公司永安百货的股东之一。为了躲避战乱，父亲打算带着全家人从上海回到老家福建。
>
> 担心财物会引来杀身之祸，父亲就与家人乘坐一艘船，将家当财产放在另一艘船上。没想到运输财物的那艘船沉了。就此，全家人一时间变得一贫如洗。
>
> 14岁时，由于家境窘迫，曹德旺被迫辍学。此后，为了糊口，曹德旺就担负起了赚钱养家的责任。曹德旺做过很多营生，吃过很多苦。也正是年少时的苦难经历，磨练了他的意志，让他积累了不少经验，这些都成为他一辈子的财富。
>
> 他在玻璃厂做过推销员，并积攒了一定的工作经验，后来凭借自己辛苦积累的资金，承包了一家生意惨淡的玻璃厂。别人都不看好他，但他却并不在意旁人的嘲笑和鄙夷，而是相信自己的判断，坚定自己的信念，不遗余力地去做。没想到，玻璃厂竟然被他做"活了"，他还成立了福耀玻璃有限公司。

> 当时正值改革开放时期，国外汽车大量涌入中国市场，由于运输路途遥远且颠簸，导致汽车玻璃损耗很大。要购买进口玻璃，价格又十分昂贵。曹德旺就感觉不服气，难道中国的玻璃就不可以超越进口的吗？曹德旺凭借心中坚定的信念，成为国内汽车玻璃的先行者，成为国内汽车玻璃最大的供应商，也由此一举成名，产品逐渐挺进世界市场，深受国外市场的青睐。

曹德旺的成功源自于坚定的人生信念以及永不磨灭的自信心。

成功是我们都渴望努力追求的结果。但想要获取这份结果，就离不开信念和信心。信念是我们对追求目标不懈努力的源泉；信心是我们对追求目标不懈努力的动力。没有信念和信心的人，在追求成功的路上遇到失败、挫折就会中途放弃。最终与成功无缘。

坚守自己的信念，坚定自己的信心，心怀希望，向着成功义无反顾地奔跑，梦想的曙光就在眼前。

【思考与感悟】

1. 你有不被看好的时候吗？

2. 你在遭受质疑的时候，会依然坚持自己的主见吗？

探索与创新，将品牌做大做强

> 创业路上会出现很多意想不到的奇迹，只有不断探索和创新，方能成功。

你觉得经营企业探索与创新是否重要？在我看来，这两个方面至关重要。

人们常说铁打的军营流水的兵。对于企业来讲，我认为这句话同样适用。

市场中，成千上万的企业一拥而入，但在历经市场筛选时却又像过独木桥一样，能够留下来的少之又少。市场在千变万化中向前发展，能够在市场竞争中取得成功且能一直长盛不衰的企业更是屈指可数。所以，我一直把"铁打的市场，流水的企业"当作事业路上的警示牌。

一个人一生的事业就像是一场马拉松。如果在中途取得了靠前的位置就开始放松下来，就会被后面依然积极努力的人所超越，最终只能被这场比赛所淘汰。

正如丘吉尔所说："成功根本没有秘诀，如果有的话，就只有两个：一是坚持到底，永不放弃；二是你想放弃的时候，请回过头来再照着第一个秘诀去做。"因此，凡是那些最后能够在市场中走得比较远、做得比较大的企业，一定是在发展过程中不断探索和尝试，不断进行创新的企业。

在一家摩托车厂，有一位名叫马尼尔·托雷斯的普通喷漆工。一天，厂长巡视的时候看见他工作很认真，就夸了他几句。马尼尔·托雷斯一时间都忘记关掉喷漆嘴，就和厂长上去说话。没想到，就因此给厂长的白色衬衫喷上了一大片红色油漆。厂长尴尬地走了。同事们都笑话马尼尔·托雷斯，认为他太愚蠢，竟然干出了这样的事情。

后来，厂里举办庆典活动，允许员工带着爱人参加。马尼尔·托雷斯为了让自己的妻子打扮出众，跑了很多地方才买到了一件十分满意的外套。然而，在活动当天，他妻子穿的外套居然和女车间主任撞衫。女车间主任故意开玩笑向马尼尔·托雷斯说道："你不是很擅长喷油器吗？怎么不给你妻子喷出一件独一无二的衣服呢？"在场的人听了之后都哈哈大笑起来。

马尼尔·托雷斯和他的妻子羞愧得说不出话来，然后无趣地离开了会场。在路上，马尼尔·托雷斯越想女车间主任说的话越生气。突然一个念头闪过："如果自己真的能喷出一种新面料做衣服，又会怎么样？别人还会嘲笑我吗？"

于是，他把自己的想法告诉了厂长，并向厂长提出了辞职。厂长听了觉得这个想法太荒谬，但马尼尔·托雷斯决定离开，也就批准了。马尼尔·托雷斯对别人认为是荒唐的这件事是认真的。他辞职后，查阅了大量资料和书籍，着手去大胆尝试、去创新。他的家人指责他就是不务正业，他的同事们嘲笑他整天花时间在那里瞎琢磨。马尼尔·托雷斯并没有将指责和嘲笑放在心上，一心做着自己的研究。

终于，功夫不负有心人。马尼尔·托雷斯在不懈努力和坚持下，研究出了一种不需要一针一线编织或缝合，但也能结合在一起的面料，而且还通过发挥想象力，用喷漆的方式，设计出了很多花样。这样就再也不用担心撞衫了。更重要的是，如果人们厌倦了这种花色，可以

> 将喷制的衣服溶解掉，然后再做成其他款式。
>
> 　　马尼尔·托雷斯的尝试取得了成功，这种喷制服装在时装界堪称奇迹。由此也吸引来了很多长期合作的伙伴。可以说，马尼尔·托雷斯在别人不看好的情况下创造了奇迹。

虽然"蒲公英"如今已经在市场中站稳了脚跟，但我依然常怀一颗自我审视的心、一颗不断学习和探索的心去经营。否则，如果哪天跟不上市场形势和趋势，就会面临被淘汰的风险。所以，我在经营"蒲公英"的过程中，总是紧跟市场，与时俱进。

作为"蒲公英"的创始人，我深知活到老学到老的重要性，也明白做生意不能脱离市场需求的重要性。在工作之余，我会经常上网查阅最新的美业资讯，了解市场最新动态，弥补自己所欠缺的知识；我也会经常走到市场中做深入调查，了解和关注更多女性关于美丽和健康的需求。

我发现很多女性在生完孩子之后，身体就会出现很多问题，如妊娠纹、骨盆前倾、臀部下垂等，这些对于女性来讲，不仅影响其身体健康，还会间接影响女性的自信。所以，我就开始在产后修复方面做更加深入的探索，并给这一项目起了一个十分雅致的名字，叫作"美中别韵"，希望每位生完孩子的女性依旧美丽动人，别有一番风韵。

很多亲戚、朋友和员工都好奇地问过我这样一个问题："邓总，你现在是公司老板了，完全可以放松下来，把所有的事情交给员工去做。为什么还把自己弄得这么累呢？"

累，是自然的。没有哪个人的创业历程中能够缺少一个"累"字，也没有哪个人能够不经过"累"字直接跃上成功的舞台。

将所有的事情交给员工去做的确很轻松，也很简单。但如果一个企业的领头人没有危机意识，没有进取意识，没有创新意识，不去参与公司的运作，不去学习和了解市场，又岂能知道自己的短板，又岂能了解市场的需求？这样的企业，又岂能在历史的洪流中永葆基业长青？显然，不但不会基业长青，还会快速被淘汰。

一个企业，一个领导者，如果总是背负成功与辉煌的包袱，那么这个企业就离"死亡"不遥远了。

这几年，我在发展事业、追逐梦想的路上，经历过坎坷，也体验过成功的甘甜。也正是如此，让我在公司发展的过程中战战兢兢。经营公司就像是带孩子一样，从最初的雏形，到后来的成长壮大，每一个环节都不能松懈，更不能出错。

歌德说过："要成长，你必须独创才行。"的确，从"蒲公英"生命持续的角度来看，唯有不断探索和创新，才能为其注入新鲜的营养液。当"蒲公英"极度缺少创新的营养的时候，它的生命力就会逐渐减弱，不但自身会慢慢老化，而且会被市场竞争所淘汰。这就是业界常说的"不探索，不创新，慢慢死"。

从"蒲公英"创造价值的角度来看，为确保"蒲公英"可以持续地进行价值创造，更好地服务于每一位顾客，唯有大胆创新才是一条最好的出路。但是，创新的过程中，失败往往不期而遇。如果每次遇到失败都想要放弃，那么还何谈创新？所以，在创新的过程中，我经常用一种宽容的态度去对待。因为我明白，只有不断尝试，才能最终在坚守创新的路上生生不息，才能将"蒲公英"这个品牌做大做强。

我非常推崇一个定律，叫作"荷花定律"。

一个池塘里的荷花，第一天开放的只是一小部分，第二天开始，每天开花的数量都是前一天的2倍。到了第29天，荷花仅仅开满了池塘的一半。直到最后一天，也就是第30天，荷花才会开满另一半池塘。这就是荷花定律。

这个定律其实就是说，最后一天的速度最快，等于前29天的总和。其中蕴含的道理就在于只有坚持，才能让整个池塘的荷花全部绽放。企业经营也是这个道理，只有坚持探索和创新才能不断做大做强。

相信，"蒲公英"会在未来迎来更加丰满而美好的明天。

【思考与感悟】

1. 你如何看待企业经营过程中探索与创新的重要性？

2. 你有哪些把品牌做大做强的好方法？

第十章

来自心灵的告诫

人的一生，沉沉浮浮，其意义就在于让人体味人生百态，领悟生命的真谛。我觉得人生就是一场修行。在这场修行中，外修的是生存技能，内修的是一颗领悟与净化的心。很幸运，我的人生在这场修行中得到了升华，也让我明白了很多人生真谛。我希望来自我的一些心灵告诫可以给你带来一些人生启迪。

内心强大，才能傲视一切

> 人生不如意之事十有八九，内心越强大的人，越能控制好自己的情绪，做好积极自我暗示，越能摆脱困境，拥有更加美好的人生。

人生在世，或多或少会遇到不如意的事情。内心脆弱的人往往缺乏勇气，在面对不如意的事情时，身体还没被拖垮，意志就被压垮了。相反，内心强大的人，即便摔得鼻青脸肿，也会咬咬牙爬起来。因为他们内心强大，所以才会在接下来的人生中与最美的风景相逢。

我小时候也因为被当作包袱甩掉而想要轻生；在发现男友出轨时我也难过不已；在收到灰色诊断通知书的那一刻，我也曾感到撕心裂肺的痛……但我最终都靠强大的内心战胜了脆弱。

很多人认为，女子本柔弱，与"强大"两个字无关。其实不然。虽然我是个"弱女子"，但在一次次糟糕的境遇中，我却变得越来越强大。

戴尔·卡耐基说过让我颇为受用的一句话："生活中渴望成功的女人很多。她们不是没有机会，也并不是没有资本，她们缺乏的往往是成功最需要的意志力。她们对于一些人生必须面对的困难往往缺乏'挺住'精神。因此输掉了人生、输掉了世界。"

的确，女人的一生中，在爱情、婚姻、事业上很可能会不顺心，也可能因此受伤。但伤都伤了，难道还要伤亡吗？难道我因为身体残疾而受人嘲笑，就要一蹶不振？因为遭受情感伤害就因噎废食，不敢大胆去爱？难道我因为事业一时低谷，就轻言放弃？当一个人在心理上输了，就意味着他已经输掉了整个世界。

那些心灵脆弱的人，往往会因为别人的只言片语而气急败坏，因为别人的指指点点而恼羞成怒，结果不但影响了自己的情绪，而且最后让自己的境遇变得更加不堪。因为他们首先就把自己看小了，内心就会产生强烈的自卑感，甚至再小的事情都会被他们无限放大。此时，当外界干预的力量变强大时，他们就不能用自己的力量战胜困难。当别人诋毁他们、伤害他们时，他们的内心就会被吞噬，会默默忍受，不加任何反抗，最后让自己的心支离破碎，整个精神世界也就此崩塌。

真正内心强大的人，不会在自己内心满目疮痍时还畏畏缩缩，也不会将自己的时间和精力花在无谓地发牢骚和埋怨上。相反，他们会积极寻找新的出路，让自己从不好的境遇当中走出来。一个内心强大的人，灵魂绝不会被他人绑架，更不怕被任何扭曲的思想左右。只有自己内心足够强大，才能让自己变得强大。

> 世人皆知居里夫人是人类史上伟大的女性化学家、科学家，发现了两种新元素钋和镭，为癌症患者带来了福音。但我们却很少知道居里夫人的励志故事。
>
> 其实居里夫人的前半生是十分清贫的。在11岁的时候，居里夫人的母亲因肺病去世。居里夫人在家中排行老五，上有三个姐姐和一个哥哥，家庭中五个孩子的吃穿用度以及上学学费等重担就全部落在了父亲的肩上。贫穷的孩子早当家，作为家中年纪最小的孩子，虽然自己年纪小，力量不够强大，但居里夫人却懂得用恬淡的心态去面对清贫，用卓越的努力去赢得光荣。她认为："我从来不曾有过幸运，将

来也永远不指望幸运,我最高的原则是:对任何困难都绝不屈服,唯有不断奋斗才能过上我想要的生活!"因此,母亲的去世、生活的贫穷激发了她奋发图强的精神。

在之后的日子里,居里夫人努力学好自己的功课,初中毕业时,她因成绩优异获得了金质奖章,但国内不允许女子上大学,而父亲又没有资金供养她到国外上大学。在1891年,居里夫人靠自己放学之余当家庭教师所积攒下来的钱,从华沙到巴黎大学求学。为了有更多的时间学习,她常常废寝忘食。经过三年的刻苦努力,居里夫人先后获得了物理学和数学学士学位,并获得了在研究室工作的机会。

后来,居里夫人与自己的丈夫结识,两人依旧为了共同的科学事业并肩作战。后来,她的丈夫不幸去世,但居里夫人忍受着精神上的巨大创伤和身体上病魔的折磨,依旧进行着既定的科研工作,直到发现了钋和镭两种新元素,使夫妻共同开创的科学事业大放异彩,更使得居里夫人成为名满天下的杰出女性科学家。

居里夫人的一生就是"只有内心足够强大,才能让自己变得强大"的最好证明。

如果我在人生中每经历一次嘲讽、挫折和磨难,就将自己的内心沉沦在无休止的抱怨、痛苦当中无法自拔,那么我如今也不会迎来人生的高光时刻,事业也不会走上巅峰。

从我们的经历中能够看到,一个人内心的强大并不是天生就有的,而是在后天的挫折和坎坷、失败和失意中练就而成的。然而正是这种伟大的精神力量让我们能够战胜自我,拥有蒸蒸日上的事业。内心强大的人具有以下特征:

1. 不沉溺于过去

内心强大的人不会总是纠结于过去那些已经发生的事情。他们总会向前看，他们关注的往往是自己的当下和未来。因为他们知道，过去的事情已然发生，往日不可追，未来尚可期。只有活在当下，规划未来，才是抓住幸福的最好方式。

2. 不回避，不逃避

内心强大的人从来都不会选择回避，更不会逃避现实。相反，他们会以更加从容的姿态去迎接各种突如其来的变故，也会在变中思变。他们懂得，回避和逃避解决不了任何问题，只会让自己陷入更加糟糕的境地。

3. 随时做最坏的打算，却往最好处追求

内心强大的人，其精神世界往往更加强大。他们知道，作为一个有思想的人，肉体生命往往会受限，但自我意识完全由自己掌控。即使他们身处十分糟糕的境遇，也会摆正自己的认知，不焦虑，不急躁，随时做好人生中最坏的打算，却努力往最好处追求。

千手观音的表演者邰丽华在两岁的时候，因为一次高烧失去了听力。糟糕的是，没过多久，她甜美的歌喉也被关闭了。从那以后，她的人生就进入了一个无声世界。

起初，她感到茫然不知所措。直到5岁的时候，在幼儿园小朋友玩蒙眼睛辨别声音的游戏时，她才意识到自己与别人不一样。那次，她哭得很伤心。为此，父亲带着她跑遍了全国各大知名医院求医问药，但就是不见好转。在她7岁的时候，父亲将她送到了聋哑学校学习。

邰丽华知道，自己这辈子也就是个聋哑人了，但她还是有自己的人生追求。17岁那年，她给自己定了个人生目标，就是上大学。所以，她一边学习文化课，一边练习舞蹈。最后如愿以偿地拿到了湖北美术学院装潢设计系的入学通知书。

> 如今，邰丽华已经成为中国残疾人艺术团的台柱子。她曾先后在全球40多个国家巡回演出，在残疾人艺术团中担任队长职务，还出任了中国特殊艺术协会副主席，更是中国残疾人艺术团的"形象大使"。

所以，一个人要想笑傲苍穹，傲视一切，就必须让内心无比强大。

人活着，都不容易。人生没有一帆风顺，生活没有事事顺遂，事业没有一蹴而就，要想人生变得底气十足，要想活出自己的精彩人生，首先就要练就一颗强大的内心。只有自己内心强大了，才能治愈一切悲伤、痛苦、难过，才能让自己变得"百毒不侵"；只有内心强大，才能让自己有一颗奋发向上的心；只有内心强大，你才能走出困境，走出迷茫，走向幸福辉煌的人生。

【思考与感悟】

1. 你知道一个人的内心究竟可以有多强大？

2. 你觉得你的内心足够强大吗？

3. 你有没有让内心变得强大的好方法？

|认定的事情就要做到最好|

> 人与人之间的差距其实很小,但又很大。这种差距往往不是体现在我们努力的那 99%,重点在于剩下的那 1%。

你在认定一件事情的时候,会想着将其做到最好吗?

每个人心中都有属于自己的梦想。有的人儿时就有了梦想,有的人随着自己的不断成长,梦想也在不断变化中升华。梦想,或平凡或伟大,不论实现梦想的路上需要付出多少艰辛和努力,只要认定了就一定要做到,更要做到最好。

古人云"世上无难事,只怕有心人"。的确,人生就像是在迷雾中前行,前方会遇到什么坎坷,前行的路有多艰难,我们无从得知。可是只要你鼓足勇气,甩掉恐惧和怀疑,认定前行的路,一步步勇敢地走向前方时,你才会发现,你每向前走一步,前方的路就更清晰一点。回过头来你会发现,其实没有什么做不到,只有想做不想做。当你能够战胜内心的恐惧,坚定向前时,就没有什么可以阻挡你走向成功的脚步。

回顾我之前的经历,无论是打工经历还是创业经历,有过坎坷,有过磨难,有过悲伤,也有过难过。在遭遇坎坷和磨难的时候,我饱尝其中的辛酸;在悲伤和难过的时候,我体验到了悲痛欲绝的滋味。

但无论如何,我的人生都是充满正能量、不断进取的人生。因为我每次认定要做的事情，不论过程有多难，我都会拼尽全力，坚持到底，将每一件事情都做到最好。虽然在坚持的过程中，也会有人投来嘲讽的目光，有人表示对我做的事情并不看好，甚至有人觉得我的决定原本就荒唐至极。但我终究没有因为别人的嘲笑、不看好而受到丝毫影响，而是更加大胆地去尝试和超越自我。最终，我取得的成功让我更加坚定一件事，那就是这辈子只要是自己认定的事情，就一定要做到最好。

我想，或许是因为我从小就身体残疾的原因，身体上的羸弱，反而让我的内心变得更加坚毅。从小到大，我在做一些事情的时候，从来没有想过这件事我做不到，或者这件事我做不了，而是想着如何才能把这件事做到最好，如何才能达到我想要的目标。之后，我便大胆尝试，想方设法将这件事情做到最好。

在我的人生字典里，从来没有"不可能""做不到""做不好"这样的词语。我一直都坚信，这个世界上就没有做不到、做不好的事情。之所以"做不到""做不好"，都是人们主观意识中给自己设定的，而不是真的做不到、做不好。

这里，我想到了徐悲鸿的故事：

> 我国著名画家徐悲鸿，在年少时曾去过巴黎国立高等美术学校留学，在那里他潜心学习西方绘画艺术。
>
> 留学期间，有位学生十分看不起徐悲鸿，甚至还公然嘲讽和挑衅徐悲鸿，说徐悲鸿天生是蠢材，即便将他送到天堂去深造，也成不了多大气候。徐悲鸿为此感到十分气愤。他立志要画好画，有人瞧不起自己，就偏要证明给他看。于是，他严肃地对那个挑衅他的学生说："那好，你我各代表自己的国家，等到结业的时候，看看到底谁是人才，谁是蠢材！"

> 自此以后，徐悲鸿更加努力发奋，立志为国争光。徐悲鸿每天都会用课外时间到画廊画画。就这样刻苦练习一年后，徐悲鸿打败了那个挑衅他的学生，为祖国争了一口气。而且，徐悲鸿的油画作品还受到了法国艺术家弗朗索瓦·弗拉孟先生的好评。之后，徐悲鸿的好多作品，如《远闻》《萧声》《琴课》等，在巴黎展出，一时间轰动了整个巴黎美术界。

这个世界上没有做不到的事，只有不想做事的人、不想全力以赴的人。想干成一件事的人总是在想办法，找方法；不想做这件事的人，总是在找借口、找理由。

很多时候，人们在追逐人生梦想或做一件事情的时候，没有实现梦想，或者没有做成那件事，大多是输给了没有竭尽全力和半途而废。人的潜力是可以不断挖掘的。你不努力到极致，永远不知道自己的潜力有多大，永远也不知道自己原来可以做成一件事，甚至还可以超乎自己的想象，将这件事做到最好。

好运是留给有准备的人的，成功是需要努力这一基石的。没有努力到无能为力，就不要说自己已经尽力了；没有拼尽全力，就永远不要说自己做不好。

【思考与感悟】

1. 你觉得你在做每一件事情的时候都拼尽全力了吗？

2. 你发现努力为之和拼尽全力之间的区别了吗？

包容父母才是真正的孝顺

> 一个人的成长离不开父母的帮助。即便父母曾经对我们大发脾气，打击责骂，也都是出于对我们的爱。孝顺和感恩父母，就要从包容开始。

在我的记忆中，父母总是希望我们按照他们的要求和方式去做事，一旦做不好就免不了遭受训斥和暴揍。小时候被父母打骂是极其平常的事情，但有时候却也伤害过我们幼小的心灵。

等我们长大以后才发现，父母当时之所以以训斥和暴揍的方式来对待我们，是因为我们没有好好读书；做事不专心；写作业眼睛离书本太近；考试成绩不好；出去跟人打架；过于调皮，是个十足的"闯祸精"，屡教不改……现实生活中，这样的父母实在太多了。

当我们真正为人父母的时候，我们才意识到，小时候挨过的训斥、挨过的打都是出自父母对我们的关心和爱护。树木不修剪，难以长得高耸挺拔；玉不琢，不成器。这些都是一个道理。

这个世界上，没有不爱自己孩子的父母。儿女就是他们的血，他们的肉，是融到他们骨头里的牵挂。即便自己挨过打、挨过骂，也只不过是他们对我们情之深、爱之切，使用的教育方法不够科学。

古语说，羊有跪乳之恩，鸦有反哺之义。为什么我们能够包容曾经伤害过自己的同学、同事、朋友，甚至是陌生人，我们却不能包容生自己、养自己的父母呢？为什么不懂得感恩父母呢？

> 一位中年男子的母亲已年迈，母亲每天都不停地唠叨些什么，"儿子，多吃点""儿子，多穿点""儿子，多喝水"……为此，男子对于母亲每天的唠叨感到烦恼不已。而且他的母亲健忘，听力也不怎么好。有一次，母亲离家出走，让全家人担心不已，到处寻找。结果，在派出所的协助下，终于找到了他的母亲。在找到母亲的那一刻，男子正要开口质问母亲，为什么不给家里省省心。然而，母亲却先开口说道："我儿子在哪儿啊？我要去找我儿子。"
>
> 母亲的一句话，让这位中年男子瞬时顿悟："原来，在不知不觉中，母亲在一天天老去，即便记不住其他事情，却脑海里永远惦记着自己，小时候母亲包容自己的过错，为什么如今自己却不能包容母亲的健忘、母亲的唠叨？这些可都是母亲对自己的爱。"男子的眼泪不禁流了下来，说道："妈，我在这儿，咱回家。"随后，男子像小时候母亲背自己回家一样，蹲下来背起了自己的母亲。此后，男子便怀着对母亲的感恩之心，每天花更多的时间陪伴母亲：帮母亲刷牙洗脸，喂母亲吃饭，陪母亲走走……男子想在母亲剩余不多的时间里，多给母亲一些爱，弥补之前对母亲关爱的忽视。
>
> 每个人都有父母，他们都会慢慢变老，头脑不好使，甚至变得邋遢、生活不能自理。作为子女，就应该对父母多些理解，多些包容，怀着一颗感恩的心，像幼时父母悉心照顾我们一样，悉心照顾父母。

说实话，我小时候就经常受到母亲的打骂，也因此而怨怼和憎恨过自己的母亲。甚至一度认为自己就不是母亲亲生的。如今，我也是一名母亲，我也有自己的孩子。初次为人母，我也有过不科学教育孩子的方式和方法。但无论我的方式和方法让孩子感到多么难以接受，我对孩子的爱永远不会改变。

现在，我能够更好地理解母亲当时对我的教育方式，也能更好地包容母亲当时对我的责难和打骂。我自己又何尝没有责难过自己的孩子呢。

现在回想起来，如果不是当时母亲的鞭打，也不会磨砺出我如今坚强的意志和强大的内心；如果不是当时母亲的责骂，也不会让我从那时候就养成了做事一丝不苟的习惯；如果不是母亲逼着我帮她做家务，也就不会让我从小就练就了超强的自理能力。

在后来我瘫痪、做手术住院的时候，母亲还经常来看我，关心我，照顾我。这些足以说明母亲其实还是爱我的。在明白这一切之后，我觉得我不但要包容母亲当时对我的责难，还应当感谢母亲，好好孝敬父母，好好报答父母。父母恩情重如山，深似海，最好的孝道就是能够包容父母。

【思考与感悟】

1. 你是否还记得年幼时你因为什么事情而挨打？

2. 你如何看待儿时父母对你的打骂？

3. 你是否真正尽到了一个子女对父母应尽的孝道？